Auf Walfang

Doris Tillmann / Timo Erlenbusch

Auf Walfang

BOYENS

Dieses Buch erscheint anlässlich der Ausstellung „Walfang im Eismeer" im Kieler Stadt- und Schifffahrtsmuseum vom 28. Februar 2010 bis 24. Mai 2010 und im Industriemuseum Elmshorn vom 20. Juni 2010 bis 12. September 2010.

BOYENS
BUCHVERLAG

ISBN 978-3-8042-1301-2

Gestaltung: Katja Hoffmann
Umschlag: Eckstein & Hagestedt Grafik-Design
Herstellung: Boyens Buchverlag
Druck: Boyens Offset, Heide
Printed in Germany

Inhalt

Das Leben der Wale. Kieler Privatsammlung

Das Fangboot „Treff III" bringt einen erlegten Wal zum Mutterschiff „Jan Wellem". Die „Jan Wellem" fuhr zwischen 1936 und 1939 dreimal auf Fangfahrt in die Antarktis. Fotografie aus: „Mit Jan Wellem auf Walfang im südlichen Eismeer"

Vorwort

Wale stehen wie kaum eine andere Tiergruppe im Mittelpunkt des öffentlichen Bewusstseins. Das Verhältnis von Menschen zu Walen und Delfinen ist dabei durch extreme Gegensätze gekennzeichnet: Es reicht von Faszination und emotionaler Zuneigung bis hin zu Jagd, Bedrohung und Ausrottung und hat vielfältigen kulturellen Niederschlag auch in der Geschichte Schleswig-Holsteins gefunden.

Dieses Buch will versuchen, die über mehrere hundert Jahre dauernde Entwicklung des Walfangs speziell mit Schiffen und Besatzungen aus Schleswig-Holstein nachzuzeichnen, ohne die historischen Geschehnisse zu bewerten. Was wir heute als Ausbeutung der Natur empfinden, gehörte in anderen Epochen zum Lebensnotwendigen oder war ein für die wirtschaftliche Entwicklung grundlegendes Gewerbe. Rohstoffe aus dem Wal blieben bis Ende des 19. Jahrhunderts die Basis des technisch-zivilisatorischen Fortschritts. Hier soll dargestellt werden, unter welchen Bedingungen in vorindustrieller Zeit dieser Rohstoff gewonnen, zu welchen Zwecken er verwendet wurde und wie sich der Walfang bis in die jüngste Vergangenheit weiterentwickelte. Dabei wird gleichzeitig deutlich, dass sich auch das Verhältnis zur Natur und den großen Meerestieren verändert hat: In den einst gefürchteten Seeungeheuern sehen wir heute sanfte Riesen, die vor der Ausrottung durch den Menschen geschützt werden müssen.

Der Wal ist noch immer ein Faszinosum; dieses riesige Tier war seit dem Altertum Gegenstand von Sagen und Legenden und Motiv zahlreicher historischer Abbildungen. Die Bild- und Sachzeugnisse finden sich in allen maritimen Museen der Welt; auch in schleswig-holsteinischen Sammlungen gehören sie zum Fundus, selbst wenn sie nicht immer die hiesigen Walfangtraditionen illustrieren. Diese Dokumente zusammenzutragen und zu präsentieren, ist das Ziel einer umfangreichen Sonderausstellung unter dem Titel „Walfang im Eismeer" im Kieler Stadt- und Schifffahrtsmuseum im Frühjahr 2010, in deren Rahmen auch diese Publikation entstand.

Kooperationspartner des Projektes ist das Zoologische Museum der Christian-Albrechts-Universität Kiel, das über einen umfangreichen Bestand an Skeletten und anderen Wal-Präparaten verfügt. Ihm sei für die Zusammenarbeit und die Leihgaben für die Ausstellung herzlich gedankt. Der Dank des Museums und der Autoren gilt darüber hinaus allen, die diese Publikation mit Bildmaterial und wichtigen Informationen unterstützt haben, darunter viele private Leihgeber wie auch verschiedene Museen in Schleswig-Holstein, Hamburg, Niedersachsen und den Niederlanden.

Doris Tillmann, Timo Erlenbusch
Im Januar 2010

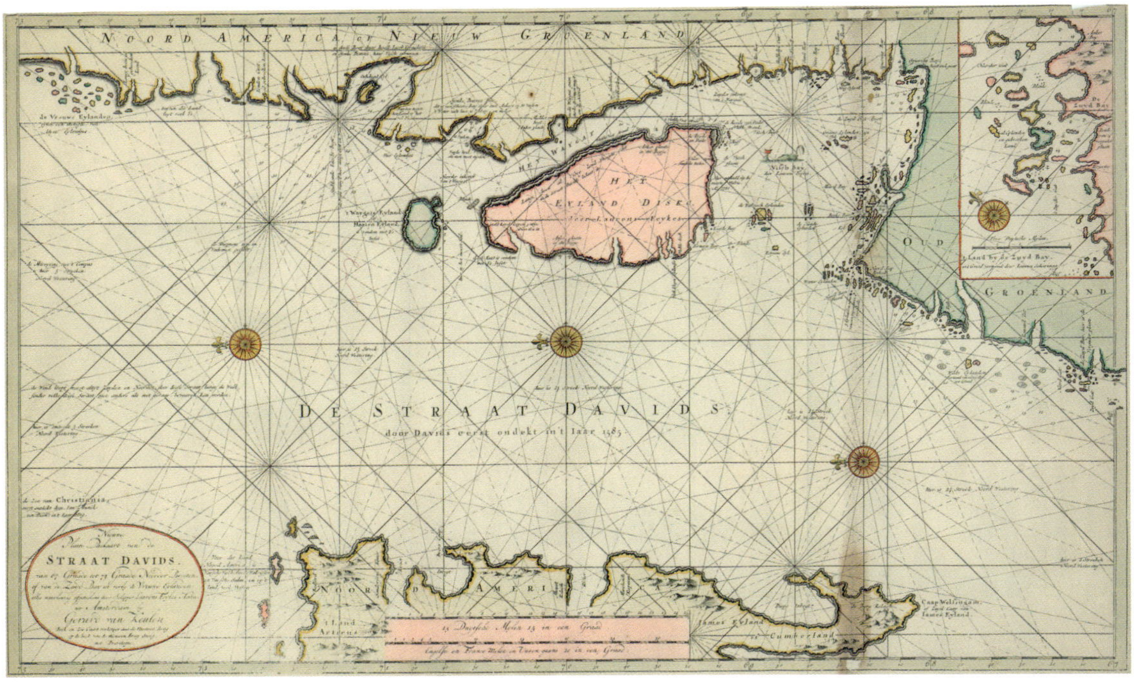

Karte der Davisstraße um 1700. Kieler Privatsammlung

Seekarte von Nordeuropa, Nordamerika und Grönland, kolorierte Radierung, 1595. Kieler Privatsammlung

Geschichte des Walfangs

Über die Anfänge des Walfangs bestehen nur Vermutungen, aber man kann ihn ungefähr 2000 Jahre zurückverfolgen. Der Beginn des europäischen Walfangs in Küstennähe datiert ins frühe Mittelalter. In dieser Zeit gab es noch keine kommerziellen Walfanggesellschaften. In erster Linie jagten die Basken Pottwale in unregelmäßigen Abständen von der Biskaya aus. Auch wenn diese Unternehmungen nicht gewinnorientiert waren, sondern dem Überleben dienten, entwickelten die Basken Fähigkeiten, die bald sehr gefragt waren. Sie wurden zu den Walfangexperten ihrer Zeit.

Der eigentliche nordwesteuropäische Walfang setzte nach den Entdeckungsfahrten der Holländer und Engländer im 16. Jahrhundert auf der Suche nach der Nordostpassage ein. Hierbei stieß eine holländische Expedition unter Willem Barents auf reiche Walvorkommen vor Spitzbergen. Da Barents die Inselgruppe irrtümlich für die Ostküste Grönlands hielt, bürgerte sich für die Fangfahrten der Begriff Grönlandfahrt ein, der auch dann noch beibehalten wurde, als man zwischen Grönland und Spitzbergen zu unterscheiden wusste.

Nachdem die Engländer in den Jahren 1610 und 1611 Fangfahrten mit wenig Erfolg durchgeführt hatten, folgten ihnen 1612 die Niederländer. 1614 gründeten die Holländer das privilegierte Walfangunternehmen „Noordsche Maatschappij". In dieser ersten Phase der Grönlandfahrt fuhren die holländischen Schiffe mit teilweiser oder vollständiger baskischer Besatzung, die zum großen Erfolg der Jagd wesentlich beitrug.

Vor Spitzbergen und der Insel Jan Mayen gab es so große Mengen an Walen, dass diese in den Buchten, den sogenannten Baien, direkt von der Küste aus gejagt werden konnten. Die Wale wurden dann an Land gezogen und an Ort und Stelle in Trankochereien verarbeitet. Ohne große Anstrengungen konnte man hohe Gewinne erzielen. Es war klar, dass immer mehr Länder Anteil an dem erfolgreichen Geschäft mit dem Tran haben wollten. So teilten neben den Holländern die Engländer, Dänen, Deutschen, Franzosen und Spanier die begehrtesten Buchten unter sich auf.

Die wohl bekannteste von diesen Landstationen ist das 1619 von Holländern gegründete Smeerenburg, wo sich während der Fangsaison Hunderte von Menschen aufhielten. Es wurde so viel Tran produziert, dass sogar zusätzliche Frachtschiffe angeheuert werden mussten, um das begehrte Produkt in die Heimat zu transportieren. Die „Noordsche Maatschappij" errichtete mehrere Packhäuser, in denen die Tranfässer gelagert werden konnten.

Um die Landkochereien herum entstanden Siedlungen mit Läden, Kneipen, Kirchen und anderen Einrichtungen. Das rege Treiben auf Spitzbergen und der Insel Jan Mayen fand ein jähes Ende, als aufgrund der intensiven Bejagung die Walbestände in den Buchten stark zurückgingen. Die Schiffe mussten den Tieren ins Eismeer folgen, und die blühenden Siedlungen auf Spitzbergen wurden zu Geisterstädten. In Zukunft sollten die Reeder ihr Geld nicht mehr so einfach verdienen.

In der zweiten Phase der Walfanggeschichte wurde aufgrund der rückläufigen Fangergebnisse in den Buchten der Fang auf das Eismeer verlagert. Diese sogenannte Eisfischerei, die zum typischen Fangbetrieb des europäischen Walfangs werden sollte, stellte höhere Anforderungen an Besatzungen und Schiffe als noch zur Zeit der Baienfischerei. Die Wale konnten nun nicht mehr an Land verarbeitet werden, was die Errichtung von Walfangstationen erübrigte und Kosten sparte. Da aber Versuche mit schwimmenden Trankochereien scheiterten, mussten die Wale nun auf See zerlegt und dann zu den Heimathäfen gefahren werden. Dort wurde der Walspeck in den Landkochereien zu dem begehrten Tran verarbeitet.

Die Niederlande erlebten im 17. Jahrhundert einen sagenhaften wirtschaftlichen Aufschwung. Sie eroberten mit ihrer umfangreichen Handelsflotte neue Märkte und überflügelten damit die bis dahin erfolgreiche Hanse. Für Holland war es das „goldene Zeitalter", in dem auch der Walfang aufblühte.

Es entwickelte sich ein reger Fangbetrieb im Eismeer, da viele Nationen an dem Erfolg teilhaben wollten. Auf der Höhe des arktischen Walfangs in

Der Stich zeigt eine frühe schwimmende Tranbrennerei. Die hohe Zahl der verunglückten Schiffe führte zur Einstellung der Verarbeitung auf See. Sammlung des Schiffahrtsmuseums Flensburg

Die dramatische Darstellung zeigt die Gefahren des Walfangs: Im Vordergrund gut zu sehen, wie Fangschaluppen bei der Jagd vom Wal umgeworfen werden. Im Hintergrund im Eis festsitzende Schiffe. Kupferstich um 1800. Kieler Privatsammlung

Angriff auf den Wal. Drei Boote rudern auf Harpunenwurfweite an einen Pottwal heran. Holzstich Ende des 19. Jahrhunderts. Kieler Privatsammlung

Der grönländische Walfisch. Der Wal wird in dieser Jagdszene unnatürlich auf dem Wasser gezeigt. Holzstich um 1840. Kieler Privatsammlung

Walrossjagd im nördlichen Eismeer. Wegen der Dezimierung der Walbestände wichen die Walfänger immer häufiger auf den Robbenschlag aus. Radierung um 1680. Sammlung des Schiffahrtsmuseums Flensburg

Walrossjagd im nördlichen Pazifik. Die Robbenschlagsaison lag im Frühjahr, da sich die Tiere zu Kolonien zusammenfanden, um ihre Jungen zu werfen. Radierung um 1784. Sammlung des Schiffahrtsmuseums Flensburg

„Walfang nach der neuesten Fangmethode". Die Erfindung der Harpunenkanone in den 1860er Jahren erleichterte die Jagd. Holzstich von J. Bungartz von 1885. Kieler Privatsammlung

der zweiten Hälfte des 17. Jahrhunderts fuhren jährlich zwischen 150 und rund 300 Schiffe aus, die 1000 bis 2000 Wale erbeuteten. Pro Fangfahrt mussten mindestens vier Wale gefangen werden, um Profit zu machen. Die durchschnittliche Zahl lag in den Jahren zwischen 1669 und 1685 bei fast sieben Tieren. Diese Ergebnisse sollten danach bis zur Zeit des industriellen Walfangs nicht wieder erzielt werden. Die intensive Bejagung der Wale führte zu starken Rückgängen der Population am Anfang des 18. Jahrhunderts, wodurch die Fangquoten unter vier Tiere pro Fahrt abzusinken begannen. Es musste ein Ausweg gefunden werden.

Die Reeder reagierten auf die zurückgehenden Walvorkommen mit der Verlagerung der Fanggebiete. Die Wale wurden zunächst in dem Gebiet zwischen Spitzbergen und Island und schließlich in dem Gebiet zwischen der Westküste Grönlands und Neufundlands, der Straße Davis, gejagt. Es gab hierfür neben der Bezeichnung Grönlandfahrer auch die nicht so häufig benutzte Bezeichnung Straße-Davis-Fahrer. Die höheren Kosten für die längere An- und Abreise schmälerten allerdings die Gewinne. Auch die Walvorkommen waren nicht so groß wie erwartet und so war schnell klar, dass die Straße Davis Spitzbergen als Fanggebiet nicht ersetzen konnte.

Dadurch, dass niederländische Unternehmer gefolgt von deutschen Reedern in der Straße Davis jagten, erholten sich die Walvorkommen um Spitzbergen zeitweise wieder. Die Engländer fuhren deswegen zunächst weiter nach Spitzbergen und Jan Mayen, bis die Tiere dort endgültig ausgerottet waren.

Damit die Reeder weiterhin gewinnbringend arbeiten konnten, ergänzten sie den Walfang mit dem Robbenschlag. Hierfür schickten sie kleinere Schiffe mit weniger Besatzung aus, um Kosten zu sparen. Ihr Ziel waren die großen Robbenansammlungen, die sich am Anfang jeden Jahres bildeten, da die Weibchen im März ihre Jungen warfen. Bereits im

April lösten sich diese Kolonien wieder auf, und die Robben begaben sich auf Wanderschaft.

Da die Robbenschlagsaison vor der Walfangsaison lag, konnten finanzstarke Reeder beides miteinander kombinieren und rüsteten ihre Schiffe für beide Zwecke aus. Ein schlechtes Fangergebnis bei der einen Jagd konnte so mit einem guten bei der anderen ausgeglichen werden. Der Robbenschlag sollte ab der zweiten Hälfte des 18. Jahrhunderts zum Hauptgeschäft der Walfänger werden, da die Vorkommen der Wale immer mehr dezimiert wurden.

Neben den Gefahren, die der Walfang mit sich brachte und ihn zu einem riskanten Geschäft für die Reeder machte, war die Ausrottung des Grönlandwals und des Nordkapers ein Grund für den Niedergang des historischen Walfangs. Die Jagd auf andere Walarten war weitaus schwieriger und nicht so ertragreich.

Aber der Hauptgrund für die Einstellung des Walfangs im Laufe des 19. Jahrhunderts war der Absatzrückgang von Walprodukten. Mit der Industrialisierung wurde der Tran durch Petroleum abgelöst. Die Nachfrage nach Fischbein zur Verstärkung von Kleidung sank bereits Ende des 18. Jahrhunderts, nachdem sich die Mode gewandelt hatte. Die industrielle Revolution veränderte aber auch den Walfang selbst. Die hölzernen Schaluppen wurden durch schnelle, motorgetriebene Fangboote aus Stahl ersetzt, die mit einer Harpunenkanone ausgerüstet waren. Die Jagd wurde in industriellen Maßstäben auf andere Walarten ausgeweitet, die nun wiederum von der Ausrottung bedroht waren. Die Walfangunternehmungen schleswig-holsteinischer Städte im 19. Jahrhundert hatten praktisch keinen wirtschaftlichen Nutzen mehr und wurden nach und nach eingestellt. Etwa mit der Gründung des Kaiserreiches endet der Walfang in Deutschland zunächst.

Walfang und Eisbärenjagd unter der Küste von Grönland. Im 17. und 18. Jahrhundert entwickelte sich ein reger Fangbetrieb im Eismeer. Kupferstich um 1780 oder früher. Kieler Privatsammlung

Schleswig-Holsteins Grönlandfahrt

Seit etwa dem 14. Jahrhundert lebten die Nordfriesen vom Heringsfang und der Salzsiederei. Nachdem ihnen nach zwei Sturmfluten 1362 und 1634 diese wirtschaftliche Grundlage entzogen worden war, wandten sie sich dem Walfang zu. Ein weiterer Grund könnte aber entscheidend für diese Entwicklung gewesen sein: 1634 verboten die Franzosen ihren baskischen Untertanen die Beteiligung am holländischen Walfang. Nun waren die Inselfriesen, die als Seefahrer bereits einen guten Ruf hatten, begehrte Arbeitskräfte. Als es ab 1661 den Holländern verboten wurde, auf Hamburger Walfangschiffen zu fahren, um den hanseatischen Walfang zu behindern, füllten die Nordfriesen auch diese Lücke.

Der Walfang wurde zur Tradition bei den Inselfriesen, die erst im 19. Jahrhundert endete. Für einige Familien brachte diese Erwerbstätigkeit Wohlstand und hohes Ansehen. Aber für den Großteil bedeuteten die Fahrten ins Eismeer eine gefährliche und harte Arbeit, die ihnen gerade das Überleben sicherte. Als viele Friesen sich während der napoleonischen Kriege zwangsweise der Landwirtschaft widmen mussten, blieben einige dabei. Es war besser, die Felder zu bestellen, als sein Leben auf den immer weniger Gewinn bringenden Fahrten ins Nordmeer zu riskieren.

Den größten Anteil an den Walfangunternehmungen aus Schleswig-Holstein hatten die Städte Altona

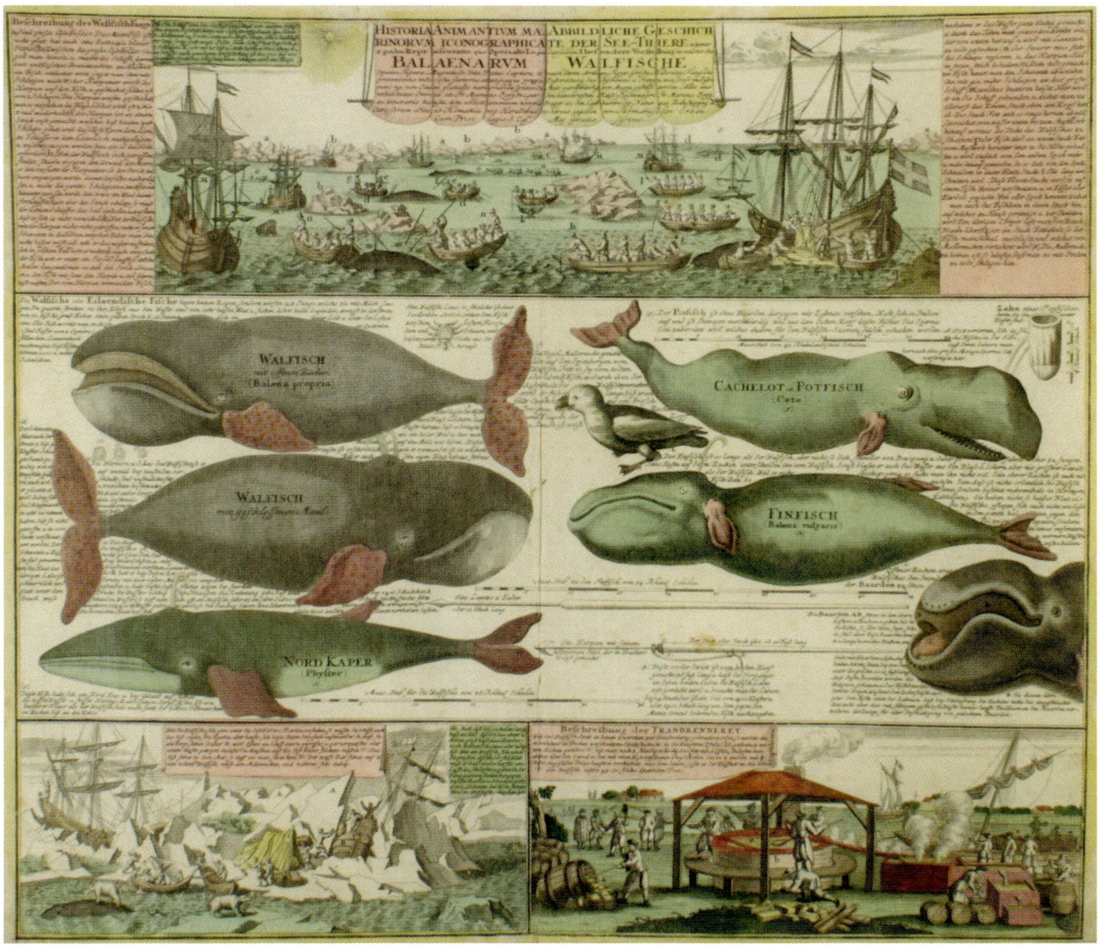

Wale und Walfangszenen aus dem nördlichen Eismeer. Das Blatt zeigt neben naturkundlichen Darstellungen auch den Fang und die Verarbeitung der Tiere. Kolorierter Kupferstich um 1750. Sammlung des Volkskunde Museums Schleswig

Walfang und Walrossjagd im Eismeer. Neben dem Walfang sind der Robbenschlag und die Eisbärenjagd zu sehen. Radierung von Thomas Thornton von 1781. Kieler Privatsammlung

Die „St. Croix" war ein Walfänger aus Flensburg, der 1842 zum ersten Mal in die Südsee auslief. Im Mai 1845 kehrte das Schiff mit einer reichen Ausbeute an Walfischbarten, Spermacetöl und Waltran zurück. Allen späteren Unternehmungen blieb der Erfolg versagt. Öl auf Leinwand von Hans Peter Jürgens. Kieler Privatsammlung

Walfangbrigg „Nordstern". Die Brigg „Nordstern" war der einzige Kieler Walfänger und ging in den Jahren 1847 bis 1854 auf Fangfahrt. Öl auf Leinwand von Hans Peter Jürgens. Kieler Privatsammlung

Modell des Walfängers „Alice Mandel". Die „Alice Mandel" wurde 1851 in den USA gebaut und erlitt bereits sechs Jahre später auf ihrer zweiten Fahrt ins chinesische Meer Schiffbruch. Modellbauer Rudolf Prey, 1968. Sammlung des Kieler Stadt- und Schiffahrtsmuseums

und Glückstadt. Im 17. Jahrhundert weckte der kommerzielle Erfolg der holländischen und hanseatischen Walfänger Begehrlichkeiten, so dass der dänische König, der zugleich Herzog von Schleswig und Holstein war, ebenfalls in dieses Geschäft einstieg.

Die holsteinische Stadt Altona stand schon lange in Rivalität zu Hamburg und wollte jetzt mit dem Nachbarn gleichziehen. Interessanterweise war es die Mennoitenfamilie van der Smissen aus Hamburg, die im Jahr 1685 die erste Altonaer Grönlandgesellschaft gründete. Die Hamburger Walfänger wurden besonders während der Kriegszeiten immer wieder durch Seeblockaden am Walfang gehindert im Gegensatz zu den Altonaern, die unter dem Schutz der dänischen Flagge standen. Dank zusätzlicher erheblicher Unterstützung durch die dänische Krone stieg darum der Erfolg der Altonaer seit dem Jahr 1770 merklich an. Nach kriegerischen Verwicklungen Dänemarks mit England Anfang des 19. Jahrhunderts ging Altonas Grönlandfahrt dann aber erheblich zurück. Der Gewinn der vergangenen Jahrzehnte konnte nicht wieder erreicht werden und 1836 stach der letzte Walfänger von Altona aus in See.

Glückstädter Reeder investierten bereits 1671 in den Walfang und erlebten sogleich einen Rückschlag, da das erste ausgeschickte Schiff im Eis verloren ging. Die Stadt ließ sich aber nicht entmutigen und betrieb den Walfang weiter. In nur zwei Jahren entstanden zwei Reedereien mit fünf Schiffen, die für kurze Zeit gute Fangergebnisse erzielten. Das Glück hielt allerdings nicht lange an, so dass bis 1720 der Ertrag deutlich zurückging. Erst mit dem Aufkommen des Robbenschlags wurden kleinere Schiffe mit weniger Besatzung ausgeschickt, die wieder Erfolge erzielten. Ende des 18. Jahrhunderts erlangte die Glückstädter Grönlandfahrt ihren Höhepunkt mit 55 eingesetzten Schiffen. Die Napoleonischen Kriege unterbrachen auch den Glückstädter Walfang, der sich nicht wieder erholen sollte. 1863 fuhr der Walfänger „der kleine Heinrich" zum letzten Mal aus.

Eine Reihe von weiteren schleswig-holsteinischen Städte nahmen am Walfang und am Robbenschlag teil. Viele von ihnen stiegen aber erst zu einem Zeitpunkt in das gefährliche Geschäft ein, als dieses bereits nicht mehr lukrativ war, so dass keine von ihnen Bedeutung erlangen sollte. Nur aus Elmshorn gibt es genauere Berichte über ihre beiden Walfangschiffe „Flora" und „Stadt Hamburg", da zahlreiche Abrechnungen erhalten geblieben sind. Auch Kiel versuchte zwischen 1847 und 1854 sein Glück mit der Brigg „Nordstern". Der Fang der „Nordstern" bestand zum größten Teil aus Robben und nicht aus Walen und wurde wegen der ungenügenden Erträge eingestellt.

In Schleswig-Holstein waren nach der Chronistin der Hamburgischen und Schleswig-Holsteinischen Grönlandfahrt, Wanda Oesau, die schleswig-holsteinischen Städte Altona, Apenrade, Beidenfleth, Brunsbüttel, Eckernförde, Elmshorn, Flensburg, Föhr, Friedrichstadt, Glückstadt, Husum, Itzehoe, Kiel, Kollmar, Röm, Schleswig, Sonderburg, Sylt, Tondern, Tönning und Uetersen am Wal- und Robbenfang beteiligt.

Auf Fangfahrt im 18. Jahrhundert

Der Alltag der Walfänger wird ausführlich durch die drei nordfriesischen Grönlandfahrer Paul Frerksen, Jens Jacob Eschels und Erk Ketels dokumentiert, die Erinnerungen, Tagebücher oder Schiffsjournale hinterlassen haben, so dass sich die Fangfahrten und das Leben an Bord gut nachvollziehen lassen.

Gegen Ende Februar eines jeden Jahres machten sich die Männer von den friesischen Inseln auf zum Walfang. Mit kleinen Küstenschiffen, den sogenannten Schmackschiffen, fuhren sie nach Hamburg und Amsterdam oder zu den anderen Ausgangshäfen der Walfänger. Die Überfahrten waren günstig, aber nicht ganz ungefährlich. Immer wieder kam es dazu, dass Seeleute ertranken.

In den Häfen angekommen, wurden die Mannschaften von den Commandeuren der Walfangschiffe angeheuert. Man benutzte die Bezeichnung „Commandeur", die aus der bewaffneten Seefahrt entliehen war, weil sich Kapitän nur nennen durfte, wer Bürger der Stadt war, in der das betreffende Schiff stationiert war. Die Commandeure mussten besonders die Spezialisten ihrer Mannschaft, also Speckschneider und Harpuniere, sorgsam auswählen und entschieden sich darum oft für Männer, mit denen sie bereits auf der letzten Fahrt gute Erfahrungen gemacht hatten.

Die Walfangschiffe hatten im Schnitt 45 Mann Besatzung, und damit dreimal mehr Männer, als nötig gewesen wären, um das Schiff zu segeln. Allein 24 bis 36 Männer wurden für die Jagd benötigt, da jede der vier bis sechs Fangschaluppen mit jeweils sechs Mann besetzt wurden. 15 Seeleute galten als Offiziere. In der Regel waren dies der Commandeur, der Steuermann, die Speckschneider und die Harpuniere. Die restlichen 30 Mann waren Matrosen und Schiffsjungen. Der Zeitzeuge und Kapitän Jens Jacob Eschels schreibt, dass er mit 11 Jahren zum ersten Mal als Schiffsjunge auf einem Walfänger fuhr. Die ältesten seiner Kameraden waren 60 Jahre alt.

Der Verdienst der Besatzung richtete sich nach dem Rang und danach, ob jemand sogenannter Partfahrer war. Die Partfahrer hatten Anteil am Gewinn und verdienten um so besser, je mehr sie gefangen hatten. Kam das Schiff leer zurück, so hatten sie allerdings das Nachsehen gegenüber den sogenannten Monatsfahrern, die eine feste Heuer erhielten.

Verdienst je Saison (in holländischen Gulden)

Monatsfahrer:	**Monatsgeld**	**Kein Fang 0 Faß**	**Ca. 10 Wale 450 Faß**
Unterkajütswächter	5	35	45
Oberkajütswächter	8	56	66
Kochsmaat	11	77	87
Jungmatrose	15	105	115
Altmatrose	19	133	153
Bootsmann	21	147	167
Schiemann	25	175	205
Koch	28	196	216
Zimmermann	35	245	275

Partfahrer:			
Harpunier	-	53	393
Speckschneider	-	65	425
Steuermann	-	65	425
Commandeur	-	150	650

(Quelle: Feddersen, Berend Harke: Das Jahr der Wal- und Robbenjäger, S. 56)

Für den Walfang wurden anfangs normale Handelsschiffe eingesetzt. Im 17. Jahrhundert war die Fleute der gebräuchliche Walfängertyp in Deutschland. Die ersten Schiffe trugen zwischen 300 und 600 Tonnen und waren als Brigg, Bark oder Vollschiff getakelt. Als die Schiffe aus den Buchten ins Eismeer hinausfahren mussten, um Wale zu fangen,

Musterung der Walfänger. Die Commandeure suchten ihre Besatzungen sorgfältig aus und griffen häufig auf Männer zurück, die sich auf den letzten Fangfahrten bereits bewährt hatten. Aquarell von Kurt Roth, 1951. Sammlung des Kieler Stadt- und Schifffahrtsmuseums

wurde es notwendig, die Rümpfe zu verstärken, da sie dem ständigen Eisdruck ausgesetzt waren. Zusätzlich wurden die Schiffe mit vier bis sechs Fangschaluppen ausgestattet. Jens Jacob Eschels schreibt in seinen Erinnerungen, dass den Grönlandfahrern mit Salzwasser gefüllte Fässer als Ballast für die Fahrt ins Fanggebiet dienten. Die Walfangschiffe waren jetzt keine Handelsschiffe mehr, sondern speziell für die Jagd und Verarbeitung ausgerüstet. Schwimmende Walkochereien bewährten sich noch nicht. Viele von ihnen brannten ab, so dass die Kochereien in die Heimathäfen verlegt werden mussten.

Der Holländer C. G. Zorgdrager listet in seinem 1720 erschienenen Buch über den Walfischfang die Ausrüstungsgegenstände auf, die ein Walfänger mit sich führte. Insgesamt führt er über hundert Posten auf, ohne Anspruch auf Vollständigkeit. Hier einen Auszug aus seiner Aufstellung:

Ausrüstung der Walfangschiffe (Fleet)

450 neue Quardeele (Fässer)
30 kleine Pipen (große bauchige Fässer)
50 halbe Fässer
60 neue Walfischleinen zu je 125 Faden
3 Büschel Leinen für Vorgänger;
1 Kenterleinen, Tauwerk, Blöcke
1 eisenbeschlagene Wasserpumpe
6 Schalupp-Segel
50 eichene Harpunenstöcke
25 Eisbäume (ähnlich den Peekhaken)
40 neue Harpunen
10 alte Harpunen
50 neue Lanzen
6 Walroß-Harpunen
7 Neushaken (Eisanker)
6 Schalupp-Anker
1–3 Eissägen
10 Speckmesser
5 Bartmesser
7 Kappmesser
12 Handhaken
12 Schalupphaken
3 Speckhaken

(Quelle: Münzing, Joachim: Die Jagd auf den Wal, S. 13)

Harpunieren eines Wals. Die Buchillustration zeigt noch den Walfang mit Handharpune kurz vor der Entwicklung der Harpunenkanone. Holzstich, Mitte des 19. Jahrhunderts. Kieler Privatsammlung

Amerikanischer und französischer Pottwalfang vor Mexiko. Gleich zwei Walfangmutterschiffe mit ihren Fangbooten machen Jagd auf einen Zahnwal. Deutschland hatte nur einen geringen Anteil an der Jagd auf Pottwale des 19. Jahrhunderts. Farblithographie um 1848. Sammlung des Volkskunde Museums Schleswig

Während der Industrialisierung wurden die ersten Dampfschiffe zur Waljagd eingesetzt und die Fangboote mit Harpunenkanonen ausgestattet. Das massenhafte Abschlachten der Wale sollte beginnen. Lithographie, zweite Hälfte 19. Jahrhundert. Sammlung des Volkskunde Museums Schleswig

Auch die Vorräte, die ein Walfänger mit sich führte, zusammen mit allem, was die Besatzung zum Leben brauchte, hatte Zorgdrager aufgeführt. Um Gewicht und Platz zu sparen, beschränkte man sich auf das zum Überleben Wichtigste:

Liste der Victualien zu Ausrüstung eines Schiffes nach Grönland, mit 6 Chaloupen und 42 Mann

18 Fässer hartes Brot
18 Fässer weisses Brot
1 Faß Zwieback
1 Faß Mehl
15 Viertel Butter
20 Sack Grütze
20 Sack graue Erbsen
20 Sack weiße Erbsen
9 Tonnen Fleisch
700 Pfund Süßmilchkäse
600 Pfund Edamer Käse
600 Pfund Speck
1000 Pfund Stockfisch
5 Pfund Hutzucker
4 Pfund Kaffee
2 Lot Nägelein
2 Lot Muskatblüte
2 Lot Zimmetrinden
2 Lot Muskatnüsse
1 Flasche-Keller mit Rheinischen Enis, Lavas, Löffelkraut-Brandwein
26 Klafter Brennholz
25 Pfund Kerzen
30 Fässer Bier
7 halbe Fässer gutes Bier
3 Anker Wein
½ Anker Brandwein
2 Anker Wacholder-Brandwein
½ Ohm Essig
1½ Viertel Senf
100 Pfund Sirup
6 Pfund Zwetschken
4 Pfund Rosinen
6 Pfund Feigen
2 Pfund Stockzucker
6 Fässer oder 9 Tonnen Torf
2 halbe Fässer Sägespäne
6 Rollen Stopftuch
Schwammen, Binsen, Kreide und anderes Küffner Zubehör
Besen von Heide und Reisig
15 Büschel Schwefelstöcke
25 Pfund Schießpulver, Kugeln von 1 oder 2 Pfund
Musketen-Kugeln und Hagel

(Quelle: Zorgdrager, Cornelius Gisbert: Beschreibung des Grönländischen Walfangs und Fischerey, Nürnberg 1750, S. 308 f.)

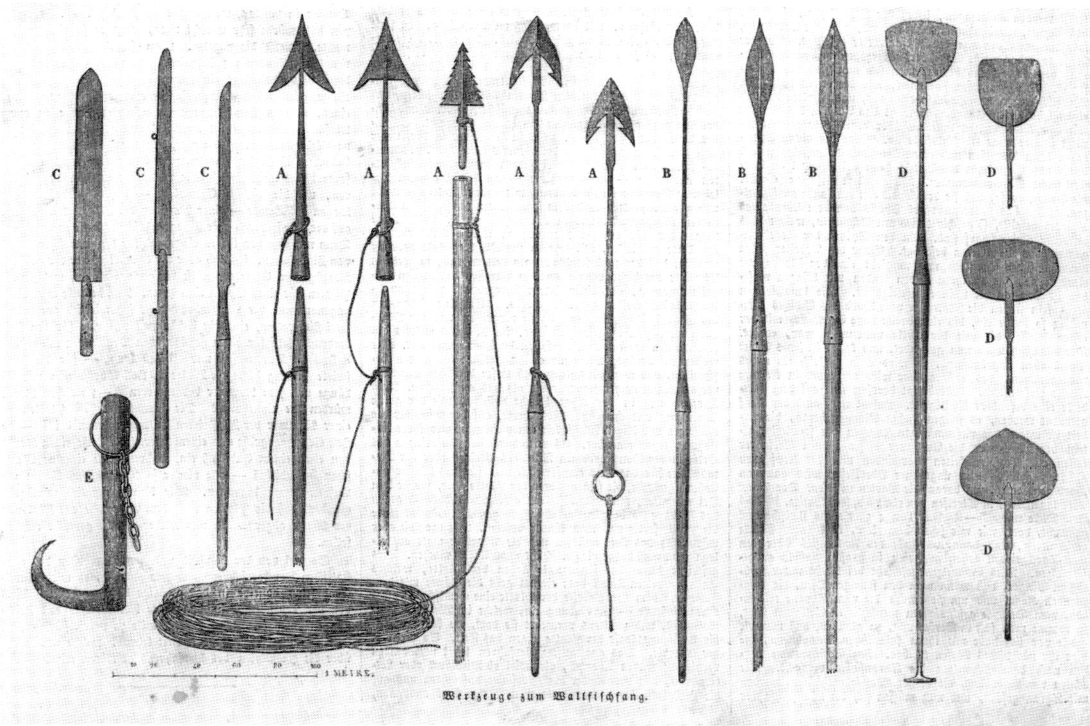

Verschiedene Gerätschaften zum Walfang. Harpunen, Lanzen, Speck- und Flensmesser gehörten zur standardmäßigen Ausstattung der Walfänger. Holzstich um 1850. Kieler Privatsammlung

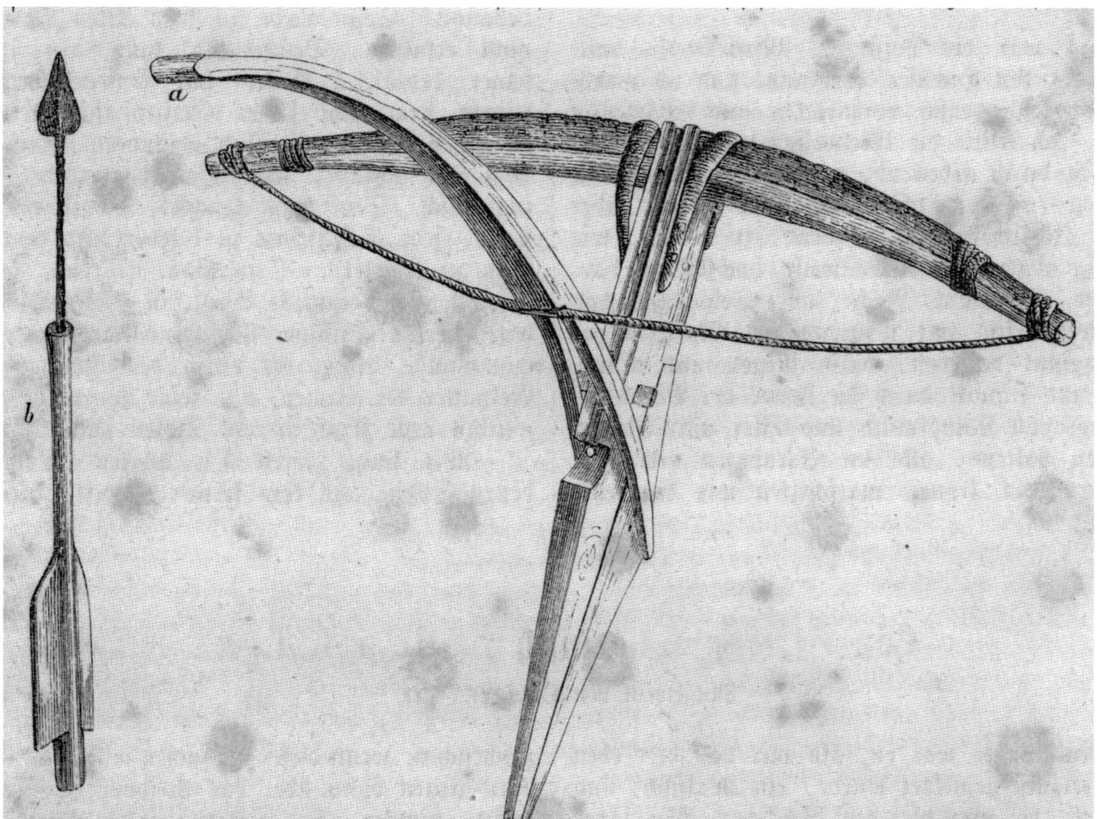

Walfischbogen und Pfeil. Holzstich, 1865. Kieler Privatsammlung

Französischer Walfang in der Südsee. Dem Wal im Vordergrund wird der Todesstoß versetzt. Im Hintergrund ist eine schwimmende Trankocherei zu sehen. Kolorierter Stahlstich um 1840. Kieler Privatsammlung

Der Walfischfang. Ein erlegter Wal wird auf See zerlegt. Die Verarbeitung auf See sah in Wirklichkeit anders aus und erfolgte längsseits des Mutterschiffs. Ein Indiz dafür, dass der Maler nicht Zeuge des Geschehens war. Kupferstich um 1840. Kieler Privatsammlung

Die Bilderfolge hier und auf Seite 26 oben zeigt die Jagd auf den Wal in einzelnen Arbeitsschritten. Festschießen der Harpune in den Wal, das Töten mit einer Lanze und das Abspecken längsseits des Mutterschiffes. Kolorierte Aquatinta-Radierungen, 1813. Sammlung des Schiffahrtsmuseums Flensburg

Spätestens im April machten sich die Walfänger auf ins Nordmeer. Schon auf der Fahrt in die Fanggebiete wurde die Jagd erprobt. Die einzelnen Handgriffe und Handlungsabläufe wurden so lange geübt, bis die Besatzung bestmöglichst zusammenarbeitete. Die Suche eines guten Fangplatzes hing von der Erfahrung des Commandeurs ab, aber genauso vom Glück. Selbst wenn man im Vorjahr eine gute Stelle gefunden hatte, war das keine Garantie dafür, dass man dort wieder viele Wale vorfinden würde. Gejagt wurden vor allem der Grönlandwal und der Nordkapper. Beides waren Bartenwale und langsame Schwimmer. Außerdem hatten sie eine so dicke Fettschicht, dass sie nach dem Erlegen an der Oberfläche schwammen und zum Schiff geschleppt werden konnten.

Die Suche nach Walen konnte im ungünstigsten Fall etliche Wochen dauern. Um die Chance auf einen Fang zu erhöhen, bildeten zwei oder mehrere Walfangschiffe sogenannte Mackerschaften, das heißt, sie jagten zusammen und teilten sich den Fang. Zum Winter musste man wieder zurück, da die Vorräte zu Neige gingen und die Gefahr bestand, dass man vom Eis eingeschlossen wurde. Insgesamt waren die Walfänger bis zu einem halben Jahr unterwegs und das mit durchschnittlich 45 Mann auf einem Segelschiff, das für 10 bis 12 Mann ausgelegt war. Kojen waren kaum vorhanden, so dass der Großteil der Besatzung in Hängematten schlief. Am Tisch aßen nur die Offiziere, die Besatzung saß beim Essen am Boden. Die Walfangschiffe konnten während der Fangfahrt keine Häfen anlaufen, um Nahrungsmittel zu ergänzen. Da zudem die Möglichkeiten, Nahrung zu konservieren, äußerst beschränkt waren, sah der Speiseplan sehr einseitig aus.

Speiseplan eines Walfängers im 18. Jahrhundert:

Montag	gelbe Erbsen mit Stockfisch
Dienstag	graue Erbsen und Fleisch
Mittwoch	gelbe Erbsen und Stockfisch
Donnerstag	gelbe Erbsen und Stockfisch
Freitag	graue Erbsen und Fleisch
Samstag	gelbe Erbsen und Stockfisch
Sonntag	graue Erbsen mit Pökelfleisch

(Quelle: Danker, Peter: Die Grönlandfahrt aus den Holsteinischen Elbmarschen im 19. Jahrhundert am Beispiel des Fleckens Elmshorn, Hamburg 1982, S. 77)

1844 beteiligte sich Hamburg mit der Walfangbark „Hanseat" an der Jagd in der Südsee. Öl auf Leinwand von Hans Peter Jürgens. Kieler Privatsammlung

Um die Disziplin an Bord während der langen Wartezeiten aufrechtzuerhalten, gab es strenge Regeln. Johann Dietz fuhr als Feldscher auf einem Hamburger Walfänger und berichtete in seinem Buch „Chirurgus unter Walfängern" vom Leben an Bord:

„Sonst halten es die Holländer auf ihren Schiffen sehr accurat, rein und strenge. Wer was tut wider ihre Ordnung und Gesetz, flucht, sich schlägt, mit dem Messer sticht oder schneidet, wie sie pflegen zu tun – gleich das Messer durch den Hut stoßen und damit einander aufs Leder gehen – oder ohne Not nicht zum Gebet kommt, da ist gleich Standrecht über ihn gehalten, das Urteil gesprochen und an ihm exequiert wird: entweder vor dem Mast von allen mit einem Stück starken Tau oder Seil, so viel Schläge, als ihm zuerkannt, auf die angezogenen Broken, oder er vors bloße Gatt geschlagen wird, oder auf ein oder zwei Monat Sold gestraft, oder gar mit einem Seil etliche mal in die See geworfen wird."

Herausgerissen aus dem alltäglichen Trott wurde die Besatzung durch den Ruf „Fall, överall!", der vom Ausguck her erschallte. Der Ausruf forderte dazu auf, dass die Männer alles fallen lassen und zu den Schaluppen eilen sollten. Dann wurden die Boote zu Wasser gelassen. Auf jeder Schaluppe gab es den Harpunier, einen Bootsmann und vier Ruderer. Es wurde nun so vorsichtig wie möglich dem Wal entgegen gerudert, um ihn nicht gleich wieder zu vertreiben. Der Harpunier der ersten Schaluppe, die den Wal auf Wurfweite erreichte, schleuderte seine Harpune in das Tier. Der Widerhaken verhinderte, dass die Harpune wieder herausgezogen wurde, denn der Wal tauchte nun vor Schreck ab und zog die Schaluppe samt Besatzung hinter sich her. Die Walfänger nannten das „Grönländische Schlittenfahrt". Der Bootsmann musste aufpassen, dass die Leine nicht seitwärts über die Schaluppe ablief, da das Boot dann kentern würde. Zur Not musste er die Leine kappen, auch dann, wenn das Boot drohte unter das Eis gezogen zu werden. Sobald das Tier wieder auftauchte, um Luft zu holen, ruderten die anderen Schaluppen heran und warfen ihre Harpunen und Lanzen ebenfalls in den Wal. Diese ganze Jagd war nicht immer ungefährlich, wie Jens Jacob Eschels zu berichten weiß:

„Wir kamen bei dem Kommandeur Christian Johannsen, welcher das Schiff Greve Thott führte. Wir mach-

Die „Azaria" wurde 1820 gebaut, als bereits vereinzelt Schiffe in den oldenburgischen Häfen ausgerüstet wurden, um auf Fangreise nach Grönland zu gehen. Zwischen 1843 bis 1856 wurde das Schiff fast ausschließlich zum Robbenschlag eingesetzt. Öl auf Leinwand von Hans Peter Jürgens. Kieler Privatsammlung

Die Dampf-Walfangbark „Grönland" wurde 1872 in Bremerhaven gebaut. Für den Walfang bewährte sich das Schiff nicht, da es mit seiner 95-PS-Maschine zu langsam war für die Jagd auf Blau- und Finnwale. Die „Grönland" befand sich zwischen 1873 und 1874 auf Forschungsreise in der Arktis. Ab 1876 wurde das Schiff unter dem Namen „Falcon" für den Robbenschlag eingesetzt und blieb auf seiner letzten Fahrt 1894 verschollen. Öl auf Leinwand von Hans Peter Jürgens. Kieler Privatsammlung

ten Mackerschaft mit ihm, um miteinander zu fischen und den Fang zu teilen; er hatte noch nichts gefangen. Wir kamen einige Tage nachdem bei Walfischen, und einer seiner Schaluppen schoß fest in einem großen Walfisch; dieser Fisch war ein böser Teufel; er schlug gleich, wie er die Harpune empfing, die Schaluppe entzwei; wir alle eilten mit den Schaluppen herbei, die Leute zu retten. Wir kamen mit allen Schaluppen der beiden Schiffe, zwölf an der Zahl, herbei und umringten den Fisch, der fast beständig über dem Wasser blieb (das heißt mit dem halben Körper), und schossen drei Harpunen in ihm fest, konnten aber nicht gehörig an ihn kommen, um ihn zu lensen oder totzustechen, denn er schlug mit dem Schwanz so unbändig, daß man sich ihm nicht nahen durfte. Wenn er einen Augenblick ausruhte und still lag, bekam er wohl einige Lensenstiche, allein er war so wütend, daß er noch zwei Schaluppen entzweischlug. Endlich wurde er matt, fing an Blut zu blasen, und wir stachen den Fisch tot. Wir fingen gleich darauf noch zwei große Fische miteinander, und das Schiff Greve Thott nahm zwei und wir einen in unser Schiff, so daß wir nun 4 1/2 Walfische hatten und 155 Quardeelen Speck davon abgaben; wir hatten aber mehr.“

Johann Gottfried Manski fuhr im 18. Jahrhundert auf einem Walfänger und hat seine Beobachtungen zu Papier gebracht. Er berichtete von einem interessanten Trick, mit dessen Hilfe man den Wal ablenken konnte, um auf Harpunenwurfweite an ihn heranzurudern, ohne ihn zu vertreiben:

„Sobald sich ein Wallfisch spüren läßt, werden 4 kleine Boote ausgesetzt, auf deren jedem sich acht Mann befinden, wovon 4 rudern und die anderen eine leere Mehltonne bereit halten, die sie dem Ungeheuer, wenn es ihnen nahe genug ist, entgegen schmeißen. Während der Wallfisch mit der Tonne spielt, wird mit Harpunen nach ihm geworfen. ... Die Harpunierer suchen ihm vorzüglich den Wurf zwischen die Rippen beyzubringen, denn die Harpune prallt ab, wenn sie des Thieres Rippe trifft: nach jedem misslungenen Wurf wird sie zurückgezogen. Dieses Treffen dauert so lange, bis der Wallfisch 30 bis 40 Stück im Körper hat, sich verblutet und schwach wird; nun fährt man ihm solange nach, bis er sich auf den Rücken legt; wenn jetzt ihm die Boote nahe genug sind, werden ihm etliche Anker, jeder etwa 1 Centner schwer, in den Leib geworfen, worauf er ans große Schiff gezogen wird, welches eine saure und oft gefährliche Arbeit ist; hier wird ein starkes Seil, welches an einer Winde im Schiff befestigt ist, um ihn gelegt, durch dessen Hülfe er in die Höhe gewunden und ins Schiff gebracht wird.“

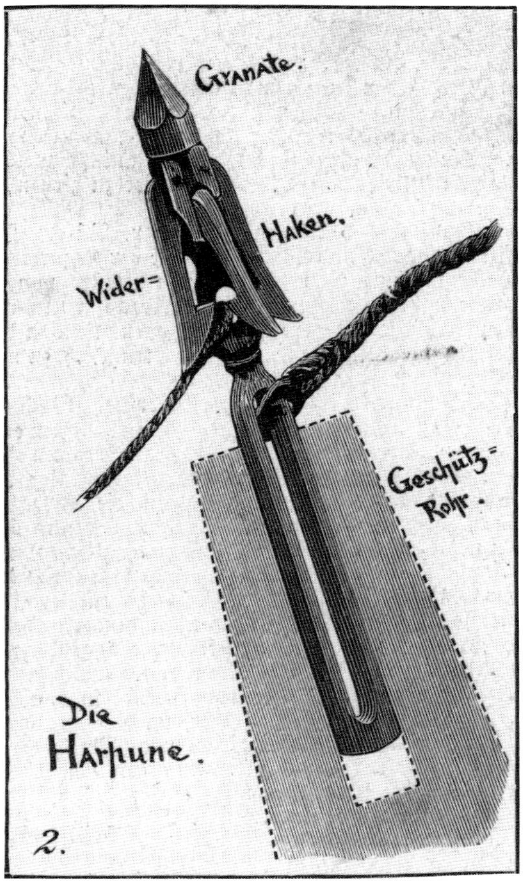

Mit der Erfindung der Harpunenkanone in den 1860er Jahren wurde es möglich, die schnelleren Blau- und Finnwale zu jagen. Der Schuss konnte nun aus größerer Entfernung erfolgen. Später wurden die Harpunen mit einer Granate ausgestattet, die die Wale schnell töten sollte. In den 1930er Jahren folgte die elektrische Harpunenkanone, bei der ein Strom durch die Harpunenleinen geleitet wurde. Zeichnung von Fritz Stoltenberg, 1892. Kieler Privatsammlung

Nachdem der Wal erlegt war, wurde er zum Schiff geschleppt. Dort wurde er längsseits mit starken Tauen befestigt, nachdem ihm der Schwanz, die sogenannte Fluke, abgehauen war, und sogleich begann der härteste Teil der Arbeit auf einem Walfänger: das „Flensen“, also Abspecken des Tieres. Von einer Schaluppe aus begannen die Speckschneider mit Hilfe der Flensmesser große Speckscheiben, die Flensstücke, aus dem bereits verwesenden Wal zu schneiden. Die Flensstücke wurden in das Schiff gehoben, bis ein Streifen an der Stelle des größten Umfanges übrig war. An diesem „Kenterstück“ wurde mit Hilfe der Winschen der Wal gewendet, also „gekentert“, und die Arbeit setzte sich auf der anderen Seite des Wales fort. Der Gestank war so fürchterlich, dass dem einen oder anderen durchaus übel wurde. Einen ganzen Tag lang konnte diese Prozedur dauern. Am nächsten Tag machte das Schiff an einem Eisfeld fest, damit eine sogenannte Speckbank aufgestellt werden konnte. Die Flensstücke wurden hier zerkleinert und in Fässer gepackt. Dann begann die Heimreise.

Abfeuern der Harpunenkanone. Holzstich von Willy Stöwer um 1900. Kieler Privatsammlung

Die Besatzungen der Walfänger, allen voran die Offiziere, waren für damalige Verhältnisse gut bezahlt. Walfang galt als ein gefährliches Geschäft, und deshalb mussten die Reeder viel Geld ausgeben, da sie ansonsten niemanden für diese Arbeit gefunden hätten. Aber was war es, das den Walfang so gefährlich machte?

Häufig wurde von Walen berichtet, die Schaluppen zerschlugen oder sogar das Mutterschiff durch Rammstoß versenkten. Etliche Grafiken und ganze Bücher zeugen davon. Das Ende der 1820 von einem Wal gerammten „Essex" regte Hermann Melville sogar zu seinem Roman „Moby Dick" an.

In der Realität kam das aber eher selten vor, und selbst wenn eine Schaluppe kenterte, bedeutete das ja nicht, dass die Männer gleich verloren waren.

Andere Gefahren waren wesentlich größer. Neben Stürmen ging die größte Gefahr vom Eis aus. Wenn ein Schiff vom Packeis eingeschlossen wurde oder, wie man sagte, „vom Eise besetzt" wurde, dann drohte es das Schiff zu zerdrücken. Da die Schiffe weit ins Eis fahren mussten, waren viele von ihnen wenigstens zeitweise eingeschlossen. Bei einem Verlust des Schiffes konnte die Besatzung nur hoffen, dass ein anderer Walfänger sie aufnahm. Nicht selten aber warteten die Familien in der Heimat vergebens auf die Rückkehr ihrer Männer.

Wenn die Gefahr bestand, dass ein Schiff zerdrückt wurde, dann versuchte die Besatzung so viel Ausrüstung und Verpflegung wie möglich von Bord zu retten, um überleben zu können. Eschels beschrieb, wie gleich mehrere Schiffe vom Eis eingeschlossen wurden und alle bis auf eines verloren gingen:

„Um 5 Uhr morgens fing unser Schiff schrecklich an zu krachen, denn das Eis fing von neuem an zu drücken. Die Leute, die im Raum des Schiffes waren, Viktualien heraufzuholen, stiegen aus dem Raum, und nun bemühte sich jeder, seine Kiste mit Kleidern und das Bettzeug zu bergen. Wie die Leute ihre Habseligkeiten aufs Deck warfen und selbe auch aufs Eis retten wollten, stand der Kommandeur auf der Hütte und sagte zu den Leuten: ‚Was? Wollt ihr schon euer Gut retten? Da ist es noch lange nicht anzu!' Allein wie er dies Wort gesprochen,

„Der Schuss auf den Wal". Zeitschriftenillustration von F. Lindner, 1897. Kieler Privatsammlung

fiel plötzlich unser Schiff fast ganz auf die Seite, und der Kommandeur rief: ‚Kappt Masten! Kappt die Masten über Bord!' Ich stand gerade an Backbordseite neben dem großen Mast, wie das Schiff umfiel, und weil unser Schiff auf Steuerbordseite überfiel, so fiel ich natürlicherweise nach der Steuerbordseite hin."

Noch zwei weitere Schiffe gingen verloren. Nur die „De Vrauw Anna" kam aus dem Eis frei, so dass Eschels und ungefähr 130 Mann Besatzung sich retten konnte. Eschels berichtet aber auch von weiteren Schiffen, deren Besatzungen kein Glück hatten:

„Es war ein Glück, daß keine Leute von uns nach ihnen hingegangen, denn diese drei Schiffe blieben im Eise eingeschlossen, und Frederick Broers und Gerrit Geelts kamen nie aus dem Eise, sondern sind mit Mann und Maus verunglückt und die Leute auf diesen Schiffen vor Hunger und Kälte gestorben."

Eine weitere Gefahr für die Walfänger waren Kaperfahrer. Im 17. und 18. Jahrhundert wurden zahlreiche Kriege um die Vorherrschaft auf dem Lande und zu Wasser geführt. Ein Mittel der Kriegsführung war das Aufbringen feindlicher Handelsschiffe. Selbst der erfolgreichste Walfänger seiner Zeit, „der Glückliche Mathias", wurde 1702 durch Kaperer aufgebracht.

Zu den „üblichen" Gefahren der Seefahrt, unter der auch die Walfänger zu leiden hatten, gehörte die Krankheit Skorbut, von der man lange Zeit nicht wusste, wodurch sie hervorgerufen wurde. Erst im 19. Jahrhundert erkannte man, dass Vitamin-C-Mangel die Ursache der Erkrankung war. Es war der britische Polarforscher John Franklin, der bei einer Expedition in den Jahren zwischen 1845 und 1848 zum ersten Mal Konserven mit Vitamin-C-haltigen Nahrungsmitteln mitführte, um Skorbut vorzubeugen. Auch wenn dieses Unternehmen scheiterte, führten diese und ähnliche Erfahrungen zur schrittweisen Verbesserung der Verpflegung und Hygiene an Bord der Schiffe. Aber davon waren die frühen Walfänger noch weit entfernt.

Sammelkarte der Liebig Company. I. Walfischfang: Wal in Sicht.
Die sechs Sammelkarten der Liebig Company zeigen den genauen Ablauf vom Fang bis zur Verarbeitung des Wals: Das Sichten des Wals, das Harpunieren mit Handharpune oder Harpunenkanone, der Todeskampf des Tieres mit den damit verbundenen Gefahren, das Abspecken und das Trankochen an Bord. Kieler Privatsammlung

Sammelkarte der Liebig Company. II. Walfischfang: Klar zum Harpunieren. Kieler Privatsammlung

Sammelkarte der Liebig Company. III. Walfischfang: Mit der Harpunen-Kanone. Kieler Privatsammlung

Sammelkarte der Liebig Company. IV. Walfischfang: Zertrümmern des Bootes. Kieler Privatsammlung

Sammelkarte der Liebig Company. V. Walfischfang: Abspecken des Walfisches. Kieler Privatsammlung

Sammelkarte der Liebig Company. VI. Walfischfang: Thrankochen an Bord. Kieler Privatsammlung

Der neue deutsche Walfang

Seit Ende des 19. Jahrhunderts hatte sich Deutschland nicht mehr am Walfang beteiligt. Es gab einige Versuche, im Kaiserreich eine Walfangflotte zu etablieren, die aber alle scheiterten. Nach dem Ersten Weltkrieg wurden die alten Pläne wiederaufgenommen. Deutschland war damals der größte Tranimporteur der Welt mit einem von Jahr zu Jahr steigenden Verbrauch an Walöl. Alleine in den Jahren 1928 bis 1929 verbrauchte man über zwei Millionen Tonnen an industriellen und Nahrungsfetten, die nur zu ca. 35 bis 40 Prozent aus eigener Produktion stammten. Eine eigene Walfangflotte sollte das Deutsche Reich von diesen Importen unabhängig machen, doch die Schaffung einer solchen Flotte scheiterte immer wieder an der fehlenden Garantie des Staates für eine Abnahme der Erzeugnisse.

Nachdem sich bereits 1934 die „Erste Deutsche Walfanggesellschaft m.b.H." gegründet hatte, wagte die Firma Henkel 1935 die Aufstellung einer Flotte. Um an der Fangsaison 1936/37 teilnehmen zu können, wurde auf einen Neubau verzichtet und stattdessen der Frachtdampfer „Württemberg" zum Walfangmutterschiff „Jan Wellem" umgebaut. Mit den Fangbooten „Treff I" bis „Treff VI" lief die Walkocherei 1936 ins südliche Eismeer aus.

Etwa zur selben Zeit gründete der Industrielle Walter Rau die „Walfang A.G." in Berlin. Da sein Versuch, die gesamte deutsche Ernährungsfettwirtschaft am Aufbau einer Walflotte zu beteiligen, scheiterte, entschloss er sich, den Walfang allein aufzunehmen. Die „Walter Rau" mit den Fangbooten „Rau I" bis „Rau VIII" konnte aufgrund der langen Bauzeit nicht mehr 1936 auslaufen.

Nun entschloss sich auch die deutsche Ölmühlen- und Margarineindustrie, den Walfang zu unterstützen. Es wurden die norwegischen Kochereien „C.A. Larsen" und „Skytteren" mit jeweils sieben Fangbooten gechartert, um möglichst schnell in den Fangbetrieb einzusteigen. Die beiden Flotten, die nach vier Jahren in den Besitz der Charterer übergehen sollten, gehörten zu den Reedereien „Blaahval" A.G. und „Finnhval" A.G. mit 40 Prozent deutscher Beteiligung.

Das größte deutsche Walfangschiff „Unitas" und die „Südmeer" ergänzten 1937/38 die deutschen Fangflotten. Die sechs Flotten produzierten in dieser Saison zusammen rund 90.000 Tonnen Öl. Interessant ist der Umstand, dass Deutschland trotz der eigenen Produktion kaum die Importe verringerte.

Deutschlands Importe und eigene Walölproduktion 1934–1938

Jahr	Produktion	Importe	Gesamt
1934	–	150	150
1935	–	253	253
1936	33	160	193
1937	90	167	257
1938	84	154	238

(Menge in 1000 t)

(Quelle: Schubert, Kurt: Der Walfang der Gegenwart, Stuttgart 1955, S. 142)

In Norwegen wurden 1938 die Gesetze zum Verkauf der Walfangschiffe geändert, so dass die deutsche Fangflotte um die „Vikingen" erweitert wurde. Das Schiff erhielt den deutschen Namen „Wikinger" und konnte bereits im gleichen Jahr auslaufen. Die Deutschen besaßen damit die drittgrößte Walfangflotte der Welt.

Beim Ausbruch des Zweiten Weltkrieges beschlagnahmte die Kriegsmarine die Walfangschiffe. Hiermit endet der deutsche Walfang mit eigenen Schiffen. Nur deutsche Besatzungen sollten noch einmal in den 50er Jahren auf Fangfahrt gehen, und zwar mit Aristoteles Onassis.

Nach dem Zweiten Weltkrieg war die Situation für die deutsche Handelsflotte schwierig. Nicht nur, dass Deutschland seine Handelsschiffe den Alliierten abtreten musste, sondern auch der Schiffsneubau wurde den Deutschen verboten. Auch die Versuche der Deutschen, wieder in den Walfang einzusteigen, blieben ohne Erfolg. Das Walfangverbot wurde unter anderem damit begründet, dass Deutschland seine Fangschiffe im Zweiten Weltkrieg für kriegswichtige Zwecke eingesetzt hatte.

Walfangflotte „Jan Wellem" mit Fangbooten im Hafen von Las Palmas. 1935 wurde der Frachtdampfer „Württemberg" zur Walkocherei „Jan Wellem" umgebaut, die 1936 als erste der insgesamt sieben deutschen Walfangflotten in die Antarktis auslief. Bei Ausbruch des Zweiten Weltkrieges wurde das Schiff von der Kriegsmarine beschlagnahmt. Fotografie von 1937 aus „Mit Jan Wellem auf Fangfahrt"

1949 entschied sich der damals noch unbekannte griechische Reeder Aristoteles Onassis, eine private Walfangflotte aufzustellen. Da den deutschen Werften zwar keine Neubauten, aber Umbauten erlaubt waren, gab Onassis den Howaldtswerken in Kiel den Auftrag, einen alten T2-Tanker zur Walkocherei „Olympic Challenger" und 12 kanadische Korvetten zu Fangbooten umzubauen. Später rüstete Onassis seine Fangflotte auf 16 Fangboote auf. Die Schiffe fuhren unter panamaischer Flagge und mit deutschen, teilweise schleswig-holsteinischen Besatzungen sowie norwegischen Schießern. Auf vier Fahrten zwischen 1950 und 1956 vor die Küste Perus und in die Antarktis fing die Onassis-Flotte ca. 5000 Wale. Da Onassis sich weder an Fangquoten und Fangzeiten noch an Fanggebiete hielt, wuchs der Widerstand gegen ihn von Jahr zu Jahr. Im November 1954 wurde seine Fangflotte vor der peruanischen Küste von Kriegsschiffen aufgebracht und im Hafen von Payta festgesetzt. Onassis schaffte es zwar, seine Schiffe wieder frei zu bekommen und in der Saison 1955/56 noch einmal auf Fangfahrt zu gehen, aber der Druck auf ihn war so groß, dass er 1957 seine komplette Flotte an ein japanisches Konsortium verkaufte.

Damit endet die fast 400-jährige Beteiligung der Deutschen und der Schleswig-Holsteiner am Walfang.

Das erste Walöl von der „Jan Wellem"-Expedition wurde im Hafen der Henkel-Werke in Düsseldorf auf Tankzüge gelöscht. Fotografie von 1937 aus „Mit Jan Wellem auf Fangfahrt"

Die Harpunenkanone auf einem der Fangboote der „Jan Wellem" wird schussfertig gemacht. Fotografie von 1937 aus „Mit Jan Wellem auf Fangfahrt"

Ein Buckelwal wird auf das Walfangmutterschiff „Olympic Challenger“ gezogen. Fotografie von 1956. Kieler Privatsammlung

An Deck der „Olympic Challenger" wird ein Wal zerlegt. Bevor das Fleisch von den Knochen gelöst werden konnte, das sogenannte Lemmen, mussten die großen Speckmassen mit Hilfe von Flensmessern und Speckschneidern abgetrennt und zerkleinert werden. Fotografie von 1956. Kieler Privatsammlung

Das Walfischfleisch wird auf einer Walkocherei in Dosen gefüllt. Fotografie von 1938 aus „Deutscher Walfang in der Arktis"

Wale sind Tiere der Rekorde: Es sind die größten und schwersten Tiere der Welt.

Das größte jemals bekannte Wirbeltier ist der Blauwal, ein Bartenwal, mit einer Länge von 35 Metern und einem Gewicht bis zu 150 Tonnen. Ein Wal kann beim Schwimmen eine Geschwindigkeit von bis zu 50 Kilometer pro Stunde erreichen und über 100 Jahre alt werden. Viele Wale legen gewaltige Entfernungen zurück. Sie fressen in den kalten Polarmeeren, bringen ihre Jungen aber in warmen Äquator-Gewässern zur Welt. Bartenwale besitzen hornartige Platten im Oberkiefer, mit denen sie Kleinlebewesen, in der Hauptsache Krill, aus dem Wasser filtrieren. Mehr als drei Tonnen solcher Krebse muss der Bartenwal im Sommer täglich fressen.

Pottwale, die größten Zahnwale, sind unter allen Säugetieren die vollendetsten Taucher. Sicher belegt ist der Tauchgang eines Pottwales vor Dominika aus dem Jahr 1992: Er tauchte in eine Tiefe von 2250 Metern und blieb 1 Stunde und 13 Minuten unter Wasser. Schließlich haben Pottwale das größte Gehirn aller Lebewesen, die jemals auf Erden gelebt haben. Es kann bis zu 9 Kilogramm schwer werden. Auch die Nahrung der Pottwale ist faszinierend: Sie

Die am meisten bejagten Wale waren große Bartenwale und der Pottwal. Holzstich um 1870 aus einer Kieler Privatsammlung

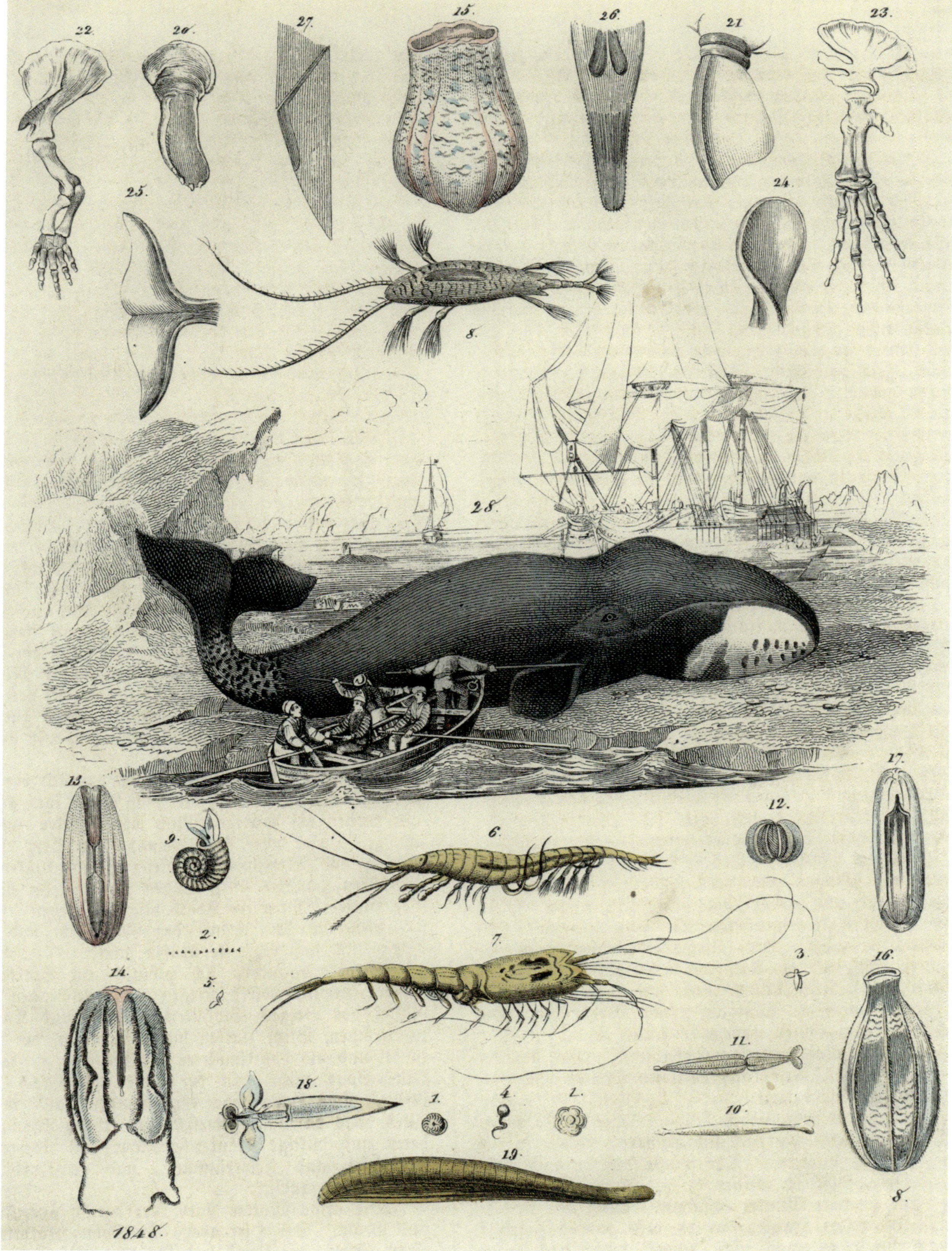

Das größte Tier, der Wel, ernährt sich von kleinsten Planktonteilchen. Naturkundliche Darstellung von 1849 aus einer Kieler Privatsammlung

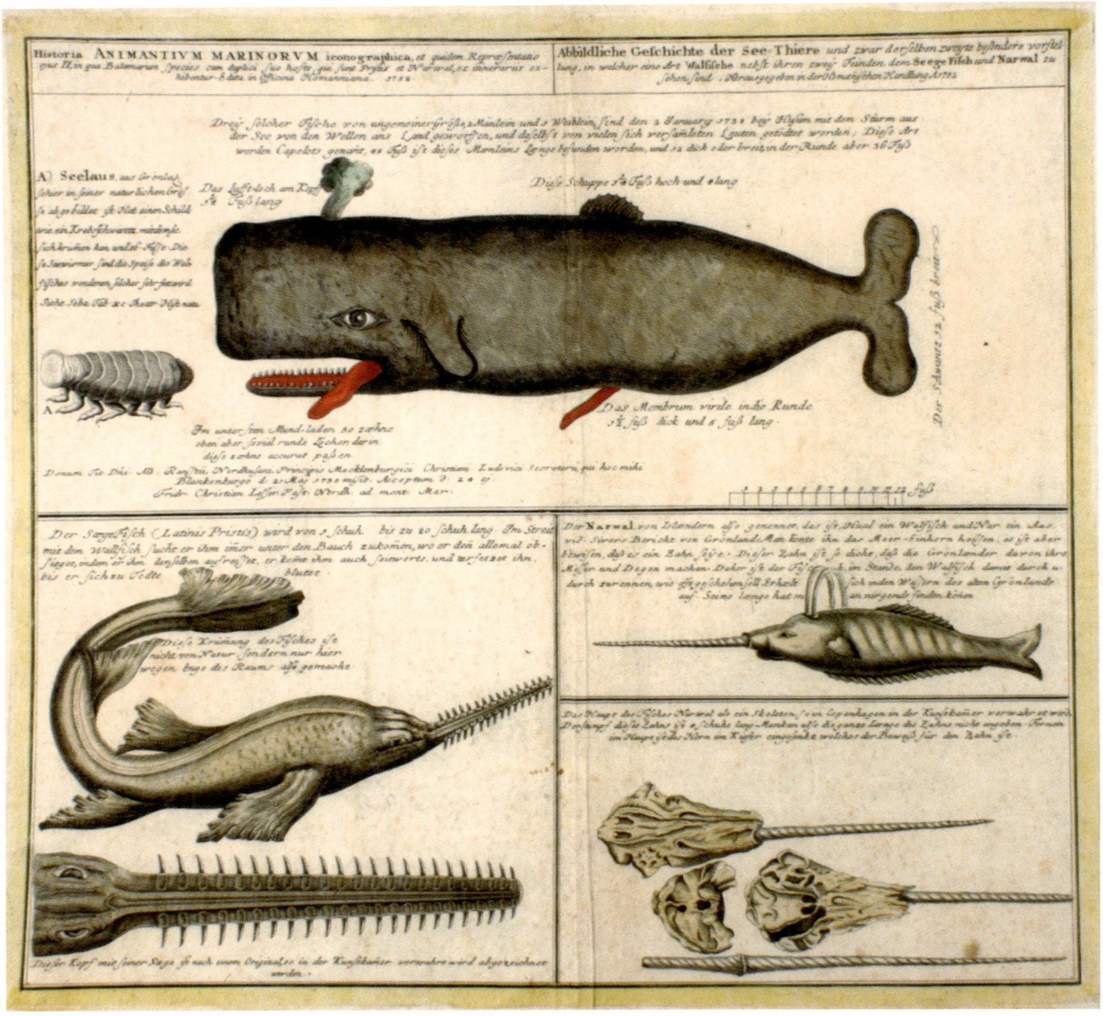

Pottwal, Narwal und Schwertfisch: Die großen Meerestiere wurden bei Strandungen gesichtet und dann nach der Natur gezeichnet. Kupferstich von 1738 aus einer Kieler Privatsammlung

besteht zum Teil aus Riesentintenfischen aus der Tiefsee, die ihrerseits bis 13 Meter lang werden können.

Nicht nur wegen ihrer Größe galten Wale als tierische Rohstofflieferanten, die Jahrhunderte lang vor allem wegen des Fettes begehrt waren, das ihren Körper im Eismeer vor der Kälte schützt und ihre Temperatur bei 37 Grad aufrechterhält. Für den Tran wurden vor allem die großen Bartenwale gejagt, von denen der größte, der Blauwal, eine Ölausbeute von 30 Tonnen und mehr erbringt. Im 17. und 18. Jahrhundert galt Waltran als wichtiger technischer Schmier- und Brennstoff und wurde noch bis Anfang des 20. Jahrhunderts als Lampenöl benutzt. Als mit der wachsenden Bevölkerung Westeuropas der Bedarf an Öl stieg, entwickelte sich der Walfang zu einem lukrativen Wirtschaftszweig. Auch die Nebenprodukte wie die Walbarten konnten bald gut verkauft werden. Nur für die menschliche Ernährung kamen die erbeuteten Wale kaum in Frage; erst spät fand ihr Fett auch bei der Margarineherstellung Verwendung.

Bis Mitte des 20. Jahrhunderts waren Walfang und Walverarbeitung bedeutende Wirtschaftszweige in Mitteleuropa. In vorindustrieller Zeit waren die Tiere Lieferanten der wichtigsten organischen Rohstoffe. Die Erzeugung von und der Handel mit Walprodukten umspannte weltweit die Meere, zunächst zwischen den nordischen Polarregionen und Westeuropa, dann weit über den ganzen Globus bis zur Antarktis.

In den unterschiedlichen Epochen erfolgte je nach technischem Standard der Verarbeitung eine unterschiedliche Ausnutzung des Walkörpers. Bis ins 18. Jahrhundert hinein war es vor allem die Speckschicht, die Verwendung fand. Um Tran zu gewinnen, mussten die aus dem Walkörper geschnittenen

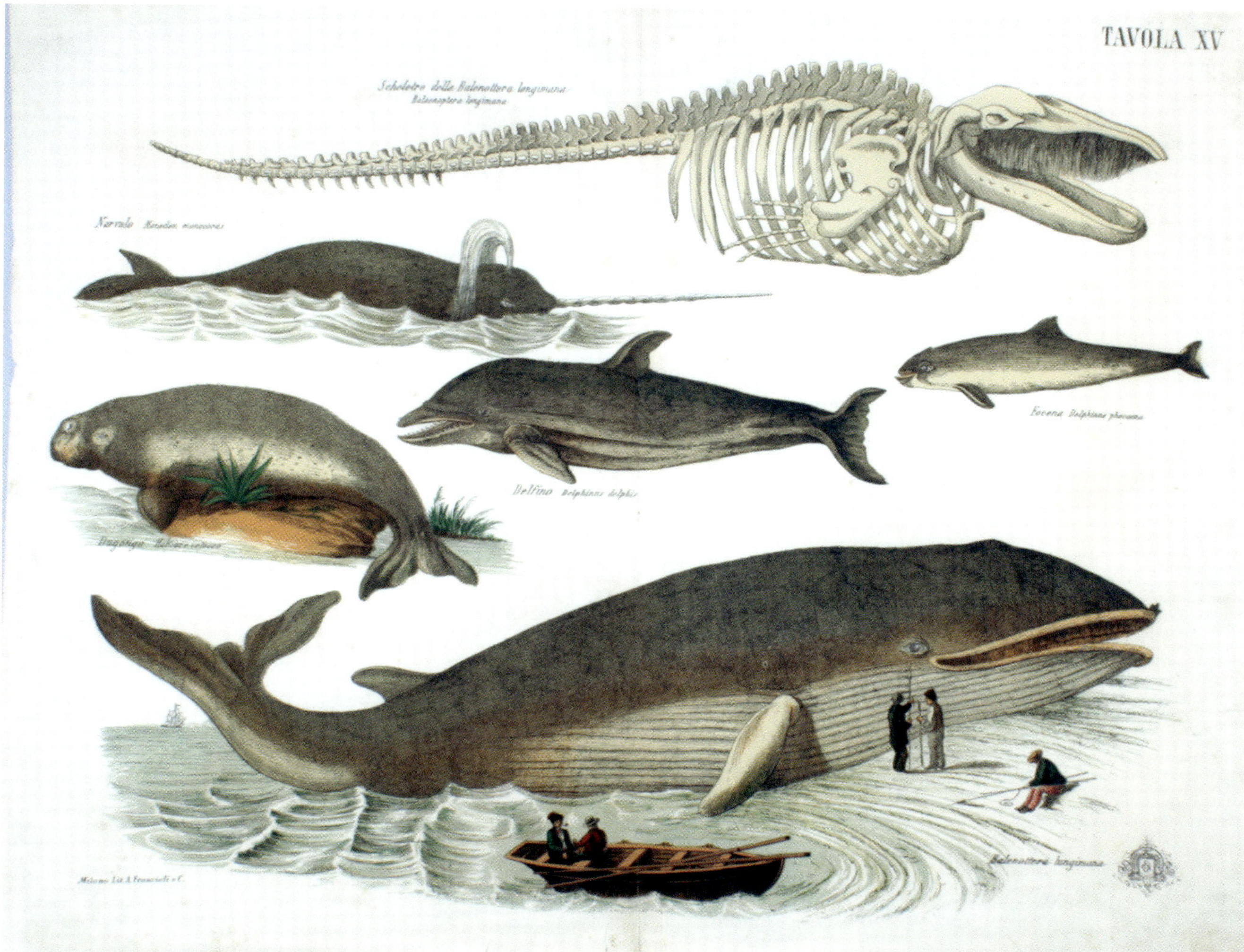

Skelett eines Blauwals und andere Meeressäugetiere. Naturkundliche Lithografie um 1850. Volkskunde Museum Schleswig

Speckstücke ausgelassen werden. Mehrere Stunden lang wurden sie in Kesseln gekocht, dann abgeseiht und in abgekühltem Zustand in Fässer gefüllt. In den Anfangszeiten des europäischen Walfangs, als die Tiere in den Buchten direkt vor Spitzbergen gefangen wurden, hatte man dort einfache Trankochereien direkt an der Küste errichtet. Das Feuerungsmaterial dazu musste von den Schiffen hierher transportiert werden. Die vollen Tranfässer wurden bei Saisonende zu den europäischen Hafenstädten gebracht, wo das Öl in den Handel kam.

Doch da die Baienfischerei an der Küste bald zu Ende ging und die Schiffe zum Walfang weit ins Eismeer hinein mussten, konnte der Tran nicht mehr während der Fangsaison gewonnen werden. Zwar hatte man zeitweilig versucht, den Speck direkt an Bord der Schiffe auszukochen, die feuergefährliche Arbeit hatte jedoch oft zu gefährlichen Bränden und zum Verlust ganzer Schiffe geführt. Daher ging man dazu über, den Walspeck in Fässern zu lagern und nach der Heimreise auszukochen. Bis zu 450 Fässer befanden sich an Bord eines erfolgreichen Walfängers. In der Nähe fast aller Hafenstädte, die von den Schiffen aus dem Nordmeer angelaufen wurden, entstanden Tranbrennereien. Sie lagen wegen des Gestanks in der Regel außerhalb der Siedlungen; der Speck war auf der langen Reise teilweise schon in Fäulnis übergegangen, so dass der Geruch kaum mehr erträglich war. Zahlreiche Beschwerden der anliegenden Bürger bei der Obrigkeit sind in den Archiven Schleswig-Holsteins aktenkundig geworden.

Wie und in welchen Qualitäten das gewonnene Öl in den Handel kam, ist kaum bekannt, es gehörte jedoch in Stadt und Land zu den gängigen, im Hökerreglement von 1775 für die Herzogtümer Schleswig und Holstein aufgeführten Handelswaren zur

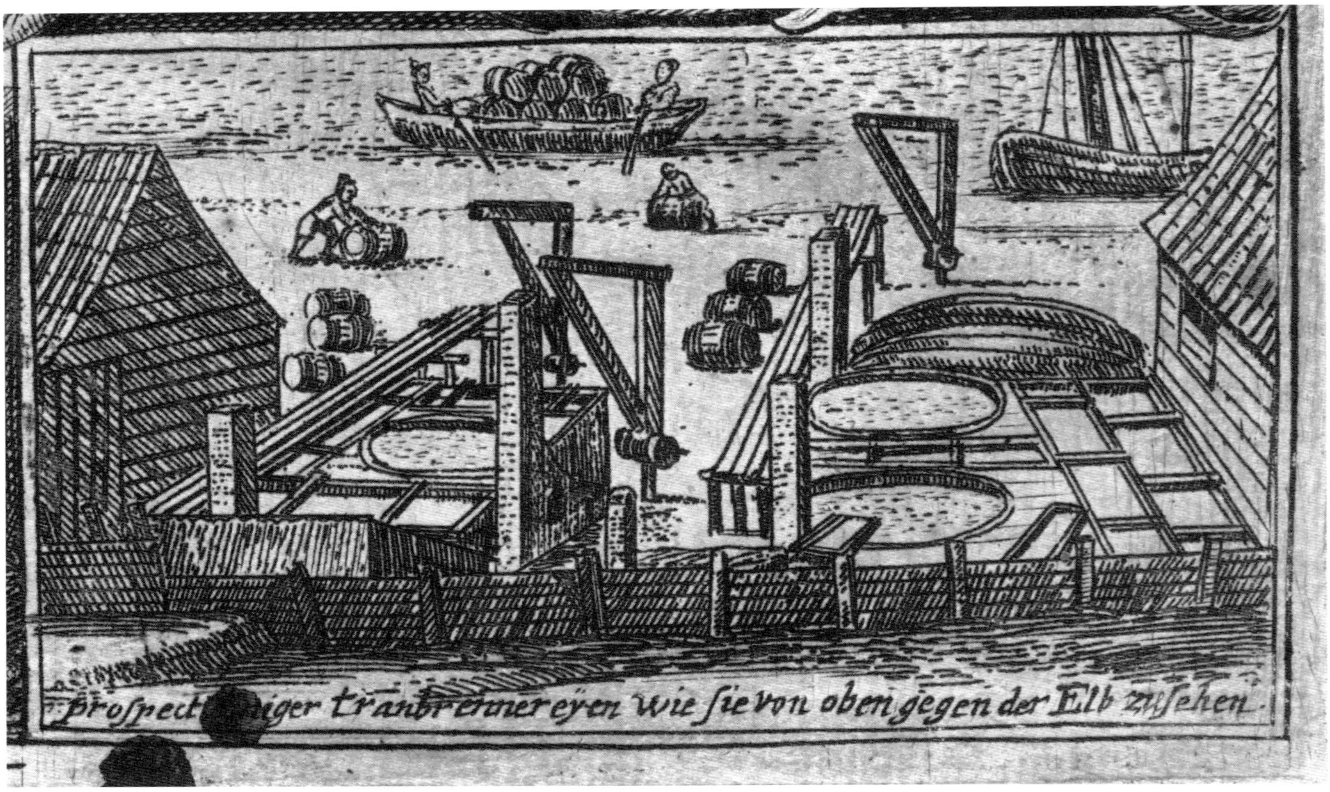

Tranbrennerei an der Elbe. Der Tran wird in Kesseln ausgekocht und das Öl abgeseiht. In Fässern wird es auf Frachtkähne verladen und in die Handelshäfen transportiert. Holzstich von 1675 aus einer Kieler Privatsammlung

Deckung des täglichen Bedarfs. Vermutlich wurde es lose aus Fässern verkauft, damit man es mit Kannen in die überall verbreiteten Öllampen füllen konnte. Sie waren als Lichtquellen wesentlich preiswerter als Kerzen aus Talg. Sie beleuchteten Wohnräume und sogar ganze Straßenzüge: Ende des 17. Jahrhunderts erleuchteten 400 Tranlampen den Hamburger Jungfernstieg. Erst mit der Entdeckung des Mineralöls lösten die helleren Petroleumlampen die „Tranfunzeln“ ab.

Auch als Schmierfett wurde Walöl verwendet. Nicht nur Wagenräder, sondern alle mechanischen Gerätschaften aus Metall hielt man damit gängig. Tran war das zentrale Schmiermittel der beginnenden Industrialisierung, ohne dieses Fett hätten die Zahnräder der industriellen Revolution, vor allem jene in der Feinmechanik, nie gegriffen. Vor der Entdeckung des Erdöls war Walöl unverzichtbar.

Anfang der 1870er Jahre entstanden in den Niederlanden, in England und in Deutschland erste Margarinewerke. Das Kunstprodukt aus Schweineschmalz, Walöl, Palmöl, Erdnuss- und Kokosnussfett sollte die teure Butter ersetzen. So entwickelte sich gerade zu der Zeit eine neue Nachfrage nach Walöl, als man wegen des Aufkommens von neuen mineralischen Brennstoffen kein tierisches Lampenöl mehr benötigte. Eine Voraussetzung für die Verwendung von Walfett für die menschliche Ernährung war allerdings die äußerst hygienische und geruchsarme Verarbeitung, etwa das Auskochen in Autoklaven, damit das Produkt nicht tranig schmeckte.

Bald vergrößerte sich auch die Nachfrage nach Walfett zur Herstellung von Kern- und Schmierseife, aber auch für die aufkommenden Seifenpulver. So schickte der Seifenhersteller Henkel, der mit der Marke Persil den Markt erobert hatte, in den 1930er Jahren ein eigenes Schiff zum Walfang in die Antarktis.

Ein Nebenprodukt der Seifenherstellung ist Glyzerin, eine sehr vielseitig verwendbare Substanz. Unter anderem ist der wasserbindende Stoff in Kosmetikartikeln als Feuchtigkeitsspender enthalten. Glycerin kann auch als Frostschutzmittel, Schmierstoff, Weichmacher und Süßungsmittel verwendet und zu Nitroglyzerin weiterverarbeitet werden. Speziell im Ersten Weltkrieg nutzte man Waltran zur Herstellung von Nitroglyzerin, Wale dienten also auch der Rüstungsindustrie. Weitere Nebenprodukte der

Anlage einer Tranbrennerei an der Elbe. Holzstich von 1675 aus einer Kieler Privatsammlung

Tranverarbeitung waren außerdem Linoleum und Anstrichmittel oder Bindemittel für Farben.

Besonders feine Öle lieferte das Walrat. Diese wachsähnliche Substanz, das Cetaceum, wurde in großen Mengen aus dem Kopf des Pottwals gewonnen. Walrat diente hauptsächlich zur Herstellung hochwertiger, hell brennender und nicht rußender Kerzen. Auch als hoch feines Schmiermittel für Präzisionsgeräte sowie für Motoren- und Automatengetriebeöle wurde es noch im 20. Jahrhundert sehr geschätzt. Daneben war das Cetaceum alba, das Apotheken in Form weißer Wachsflocken anboten, Rohstoff für Kosmetika und Arzneimittel, man benutzte es gegen Husten und Lungenerkrankungen. Im 20. Jahrhundert diente Walrat auch zur Herstellung von Imprägniermitteln oder Appretur, und auch in der hochwertigen Margarine- oder Seifenproduktion kam es zum Einsatz.

Neben dem Tran und Fett galten die Barten als wichtigste Rohstoffe der in den arktischen und antarktischen Gewässern gefangenen Bartenwale. Die unter dem Handelsnamen Fischbein bekannten Barten sind seitlich gefiederte, lange Hornplatten, die vom Oberkiefer eines Wals anstelle von Zähnen herabhängen. Mit ihrer Hilfe filtern Wale Plankton oder kleine Krebstiere, die ihre Hauptnahrung bilden, aus dem Meerwasser. Die bis zu vier Meter langen und 50 Zentimeter breiten Platten sind sehr biegsam und dabei gleichzeitig bruchfest. Sie stellten damit einen begehrten Werkstoff dar, der für die Fertigung verschiedenster Objekte von hoher Elastizität gebraucht wurde. Ein großer Wal lieferte nicht selten über 1000 Kilogramm Barten. In Fischbeinreißereien wurden sie in handelsübliche lange Streifen geschnitten, aus denen man dann Schirmstangen, Stöcke, Reitpeitschen, Lineale, Korb- und Kammwaren herstellte. Ihren Hauptverwendungszweck fanden sie jedoch in der Damenmode, denn vor allem im 17. bis 19. Jahrhundert benötigte man die elastischen Stäbe in großer Menge zur Versteifung von Korsetts, Miedern und Reifröcken.

Pottwale erbringen neben dem Tran ihres Körpers und dem Walrat noch eine weitere Kostbarkeit: die Ambra, ein begehrter Rohstoff zur Herstellung für Parfüm. Sie entsteht bei der Nahrungsaufnahme und Verdauung von Pottwalen, um die harten und unverdaulichen Teile ihrer Beutetiere, der Tintenfischen und Kraken, zu ummanteln. Die frische Ambra ist weich und riecht abstoßend, sie erhält erst durch langjährigen Kontakt mit Luft, Licht und Salzwasser ihre feste Konsistenz und ihren angenehmen Duft. Ambra wurde in Klumpen von mehreren, manchmal bis zu einhundert Kilogramm schweren Stücken auf dem Meer treibend gefunden. Erst später entdeckte man bei der Schlachtung von Pottwa-

Trankocherei an der Anlegestelle der Walfänger an der Krückau bei Elmshorn. Tuschzeichnung von Kurt Roth 1955. Sammlung des Kieler Stadt- und Schifffahrtsmuseums

Fassmacherei im Hafen vor der Ausfahrt der Elmshorner Grönlandfahrer. Tuschzeichnung von Kurt Roth 1955. Sammlung des Kieler Stadt- und Schifffahrtsmuseums

Verarbeitung von Walen an der Küste: Der Speck wird abgeflenst, das Fleisch von den Rippen geschält und direkt am Strand zu Öl verarbeitet. Die Tafel zeigt eine frühere Stufe des Walfangs. Lithografie 1885. Privatsammlung Kiel

Verarbeitung eines Bartenwals von Bord eines Schiffes: Der Speck wird abgeflenst und die Barten aus dem Maul gelöst. Sie werden an Land in einzelne Streifen zerlegt. Französischer Stich aus dem 18. Jahrhundert, Privatsammlung Kiel

len die frische Ambra im Darm einzelner Tiere. Der Duftstoff der Ambra ist Ambrein, ein Alkohol, der durch Luft und Licht in die eigentlichen Duftstoffe aufgespalten wird. Seine moschusartige Note ist betörend, daher gehörte Ambra seit dem Altertum zu den teuersten Rohstoffen tierischer Art.

Auch die Zähne des Pottwals wurden verwertet, wenn auch weit weniger intensiv als die Barten anderer Walarten. Zunächst verarbeiteten die Seeleute auf den Walfängern die großen Zähne in ihrer Freiwache zu kunstgewerblichen Gegenständen, den sogenannten Scrimshaws. Sie „scrimmten" oder

Aufbereitung der Barten direkt am Hafen zur weiteren Verarbeitung in der Fischbeinreißerei. Französischer Stich um 1800 aus der Sammlung des Schiffahrtsmuseums Flensburg

Herausbrechen der Zähne aus einem Pottwalkiefer an Bord eines Walfängers. Zeitschriftenillustration um 1880, Kieler Privatsammlung

schnitzten kleine Bilder auf das elfenbeinartige Material, die dann schwarz eingefärbt wurden, und brachten sie als Souvenirs in ihre Heimat mit. Die meisten Arbeiten auf Pottwalzähnen stammen von nordamerikanischen Walfängern, doch auch die Stoßzähne von Walrössern wurden häufig mit Scrimshaw verziert. Die beliebte Seemannskunst kam Anfang des 19. Jahrhunderts wegen ihrer Exotik sehr in Mode, und nun entstanden in den Hafenstädten Werkstätten, die die Pottwalzähne auch zu kleineren Zier- und Gebrauchsgegenständen verarbeiteten. Sie ließen sich im Material kaum vom

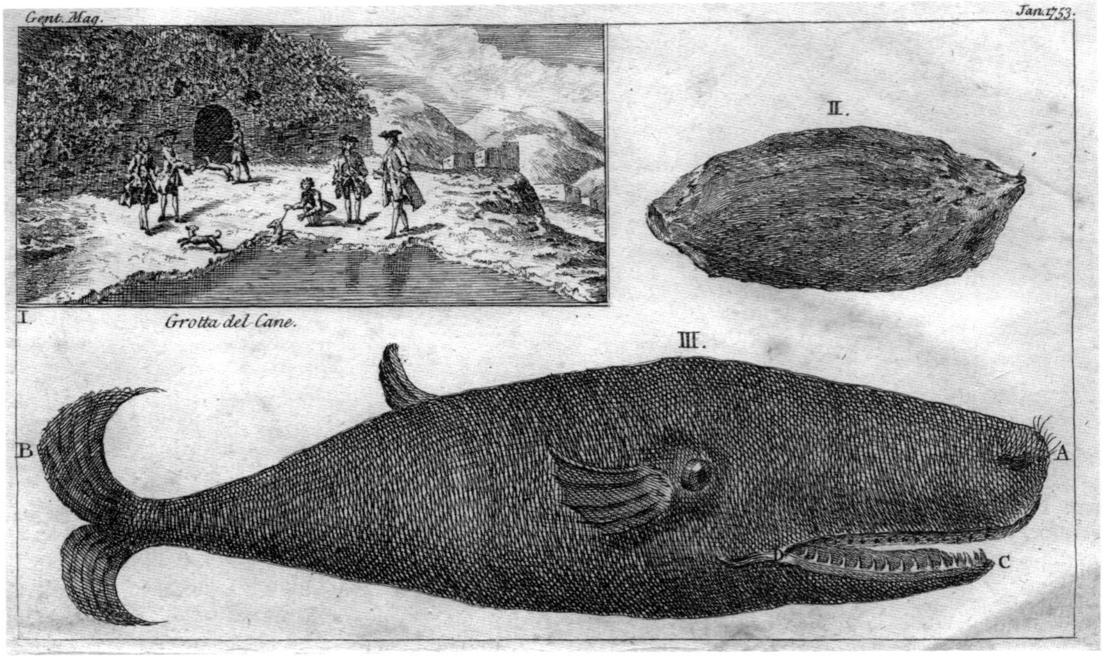

Darstellung eines Pottwals und eines Klumpens Ambra. Der Hinweis auf die wegen ihrer tödlichen Fäulnisgase bekannte „Grotta del Cane“ bezieht sich offenbar auf den intensiven Geruch der Ambra. Kupferstich von 1753 aus einer Kieler Privatsammlung

Abspecken eines Finnwals in einer norwegischen Verarbeitungsanlage um 1900. Holzstich aus einer illustrierten Zeitschrift. Kieler Privatsammlung

Elfenbein unterscheiden und waren deswegen besonders begehrt. Auch Narwalzähne wurden verarbeitet, zum Beispiel für Schirm- oder Spazierstöcke.

Sogar die Knochen von Walen wurden gelegentlich als Baustoffe verwertet und können noch heute in Nordfriesland manchmal als Gartenzäune oder Tore bewundert werden. Sie waren gleichzeitig ein Zeichen des Wohlstands, den der Walfang den sonst so kargen Inseln gebracht hatte.

Alle weiteren Abfallprodukte des Walkörpers konnten noch als hochwertige, stickstoffhaltige Düngemittel gebraucht werden. Das Tier wurde somit fast vollständig verwertet, sein gesamter Körper galt als kostbarer Rohstoff.

Schulwandbild zur industriellen Verarbeitung von Walen in den 1930er Jahren. Sammlung Volkskunde Museum Schleswig

Pottwal auf dem Achterdeck der „Olympic Challenger". Foto von 1956, Kieler Privatsammlung

Vom Seeungeheuer zum sanften Riesen – Kulturgeschichte des Walfangs in Bildern aus schleswig-holsteinischen Sammlungen

Der Wal ist ein Faszinosum; dieses riesige Tier war seit dem Altertum Gegenstand von Sagen und Legenden und Motiv zahlreicher historischer Abbildungen. Die Bilddokumente finden sich in allen maritimen Museen der Welt; auch in schleswig-holsteinischen Sammlungen gehören sie zum Fundus, selbst wenn sie nur selten die hiesigen Walfangtraditionen illustrieren. Die abgebildeten Tiere und Walfangszenerien beziehen sich auf das Geschehen auf allen Weltmeeren, besonders aber auf den für die europäischen Zivilisationen des 17. und 18. Jahrhunderts so wichtigen Walfang im westlichen Nordmeer zwischen Spitzbergen und Grönland. Die Bildmotive, die sich mit der Entwicklung neuer Drucktechniken vervielfältigen und verbreiten ließen, tauchten in wichtigen wissenschaftlichen Publikationen auf und fanden später auch Eingang in die populäre Druckgrafik. Die Entwicklung der Waldarstellungen von der frühen Neuzeit bis in die Gegenwart spiegelt das sich wandelnde Verhältnis der Menschen zum Meer und seinem größten Bewohner, dem Wal, wider.

„Und Gott schuf große Walfische und alles Getier, das da lebt und webt, davon das Wasser wimmelt", heißt es in der Schöpfungsgeschichte (1. Moses 21), und auch die Geschichte von Jonas, den ein großer Fisch oder Wal verschluckte, war der bibelkundigen Bevölkerung im christlichen Europa schon im Mittelalter wohl bekannt. Doch dieses Tier existierte nur in der Vorstellungskraft der Menschen, gesehen hatte es kaum jemand. Und so zeigen die bildlichen Darstellungen noch in der frühen Neuzeit den Leviathan als drachenähnliches Ungeheuer mit gefährlichen Reißzähnen, Hörnern und Schuppenpanzer, der die Schiffe und Seeleute bedroht, die ihm zu nahe kommen. Dieses gefährliche Seeungeheuer stand symbolisch für alle Gefahren des Meeres

Darstellung eines Menschen verschlingenden Riesenfisches an der Küste Norwegens. Illustration nach Olaus Magnus 1555. Sammlung des Kieler Stadt- und Schifffahrtsmuseums

und der Naturgewalten, die nur Gott beherrschen konnte, so wie er auch den Leviathan vernichtete oder Jonas aus dem Schlund des Wales rettete. Das Meer war ein Ort der Angst, ein weitgehend unzugänglicher Naturraum voller unberechenbarer Gefahren; vor allem die Tiefe des Meeres blieb bis in die jüngste Vergangenheit ein fremder, lebensfeindlicher Raum, der sich der Erforschung durch den Menschen entzog.

Die Vorstellungen von dem Meeresungetüm speisten sich aus Sagen, Reiseberichten und Seemannsgeschichten. Dem „piscibus monstrosis", der die unwirtliche Tiefe bevölkerte, widmete auch der schwedische Bischof Olaus Magnus (1490–1557) in seiner „Geschichte der nordischen Völker" von 1555 ein eigenes Kapitel. Er beschreibt schreckliche Ungeheuer vor den Küsten Norwegens, *„die ihre Wildheit schon auf den ersten Blick offenbaren, den Betrachtern einen Schrecken einjagen und dann sogleich diejenigen, die sie längere Zeit voller Grauen anschauen, erstarren lassen"*. Auch die große von Olaus Magnus angelegte „Carta marina", die früheste und nach heutigen Standard einigermaßen korrekte Landkarte Nordeuropas, zeigt in den Meeren des Nordens Seeschlangen und riesige Fische, die die Schiffe angreifen, aber auch solche, die von Menschen gefangen oder bereits am Strand zerlegt werden.

Die Holzschnitte, die Olaus Magnus' Werk illustrierten, prägten in ganz Europa das Bild vom Wal als gefährliches Monster. Auch der vielseitige Gelehrte Conrad Gesner (1516–1565) übernahm diese Darstellungen in seiner bekannten „Historiae animalium", von der ein schönes Exemplar in der Landesbibliothek Eutin verwahrt wird, und trug zur Verbreitung dieser Vorstellungen bei, obwohl er bereits leichte Zweifel an den Berichten des Olaus Magnus hegte. Schließlich hatte er die Tiere nie selbst zu Gesicht bekommen.

Doch von Zeit zu Zeit fanden sich Kadaver von echten Walen an den Stränden Nordeuropas, und so gelangten zumindest die Menschen in den Küstenregionen zu neuen Erkenntnissen über die riesigen Tiere. Besonders die an der niederländischen und flandrischen Küste gestrandeten Wale trugen Ende des 16. Jahrhunderts dazu bei, in nur wenigen Jahren das Wissen über die Meeressäuger grundlegend zu verändern. In den hoch zivilisierten Städten dieser Region konnten weitgehend realistische Abbildungen der Tiere publiziert werden. Die Flugblatt-Darstellung eines 1598 gestrandeten Pottwals bei Berkhey in der Nähe von Scheveningen zeigt, mit welcher Neugier sich große Gruppen von Schaulustigen dem toten Tier nähern. Mit Zollstöcken und Maßbändern erklimmen sie den Kadaver, um ihn zu vermessen, während andere sich bereits mit einem Hackbeil an seinem Rückenspeck zu schaffen machen. Gestrandete Wale wurden in der Regel von den Küstenbewohnern zerlegt, sie lieferten Fleisch und Fett und andere Rohstoffe, die ungenießbaren Teile galten als hervorragender Dünger. Eine Druckgrafik nach der Vorlage von Hendrik Golzius, die dieses Ereignis am Strand von Berkhey offenbar nach eigener Anschauung vor Ort darstellt, zählt zum Fundus des Flensburger Schiffahrtsmuseums. Diese Darstellung prägte von nun an die Abbildung von Walen. In den Folgejahren finden sich immer wieder mehr oder weniger qualitätsvolle Illustrationen gestrandeter Tiere – teilweise auch sehr unförmige, weil sie schon von den Verwesungsgasen deutlich aufgebläht waren. Wie diese Tiere jedoch im Wasser lebten, blieb den Menschen weiterhin verborgen.

Viele Waldarstellungen des 16. Jahrhunderts basieren auf abenteuerlichen Geschichten wie dieser: Die Seeleute hatten den großen Fisch versehentlich für eine Insel gehalten, dort geankert und auf seinem Rücken ein Feuer gemacht, als das Tier sich aus dem Wasser hebt und das Schiff zu verschlingen droht. Holzstich als Illustration zu Conrad Gesners „Nomenclator aquatilium animalium …". 1598. Sammlung der Landesbibliothek Eutin

Auch an den Küsten Schleswig-Holsteins wurden immer wieder Wale gesichtet, auch von Strandungen und Fängen wird berichtet, so etwa von einem „großen Fisch so in der Kieler Vörde anno 1555 gefangen" wurde. In der Chronik des Kieler Bürgermeisters Asmus Bremer lässt sich nachlesen, wie ein Streit zwischen Kiel und dem Kloster Preetz um den Besitz und um die Verwertung des kostbaren Tieres entbrannte.

Die Zeit der Entdeckungsreisen Ende des 16. Jahrhunderts und mit ihr die Sichtung von zahlreichen Walen im Nordmeer veränderte das Verhältnis zu den mächtigen Tieren. Nun begegnete man der Natur generell weniger mit Furcht, sondern mit Neugier und mit Eroberungswillen. Auf der Suche nach

Ein vor der Küste bei Schevelingen gestrandeter Wal lockt Schaulustige an. Er wird genauestens untersucht und dann direkt am Strand zerlegt. Kupferstich von 1598 aus der Sammlung des Flensburger Schifffahrtsmuseums

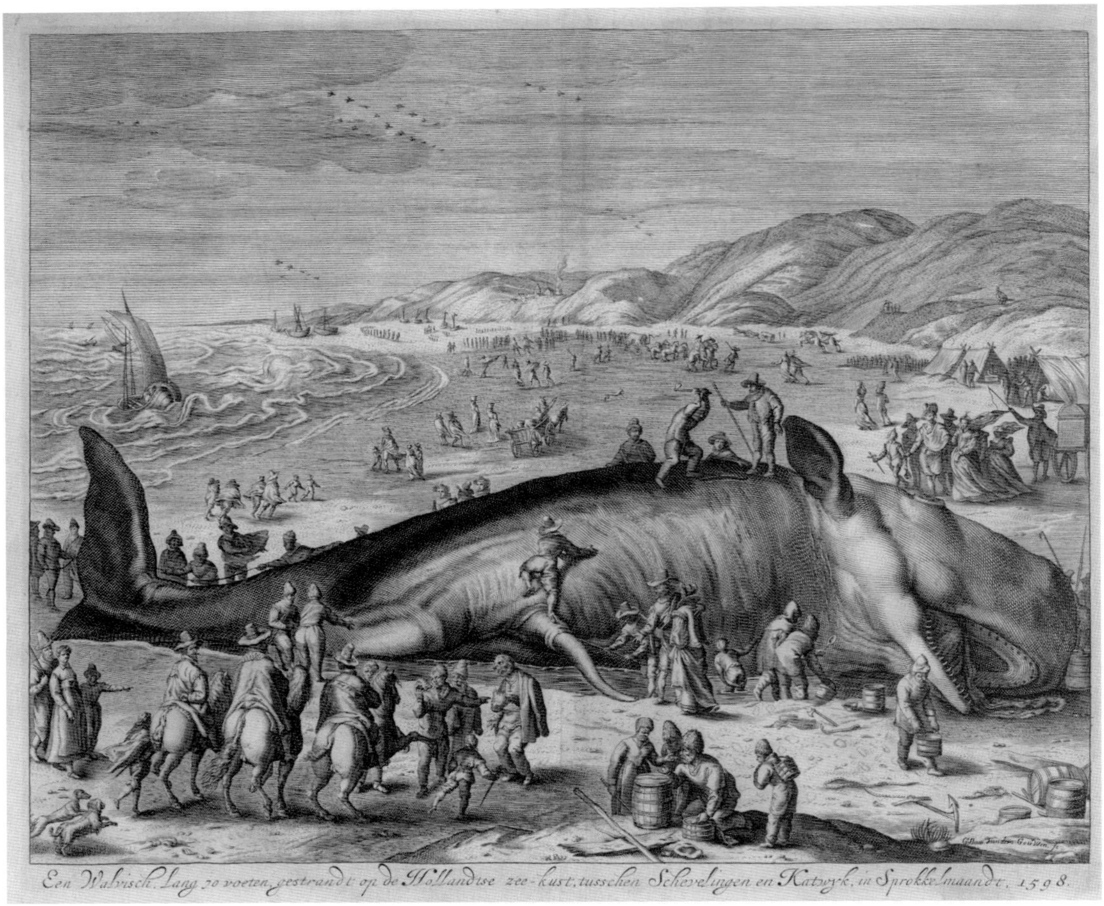

Darstellung „nach der Natur" eines gestrandeten Pottwals, dessen Körper offensichtlich schon von den Verwesungsgasen aufgebläht ist. Kupferstich von 1764, Kieler Privatsammlung

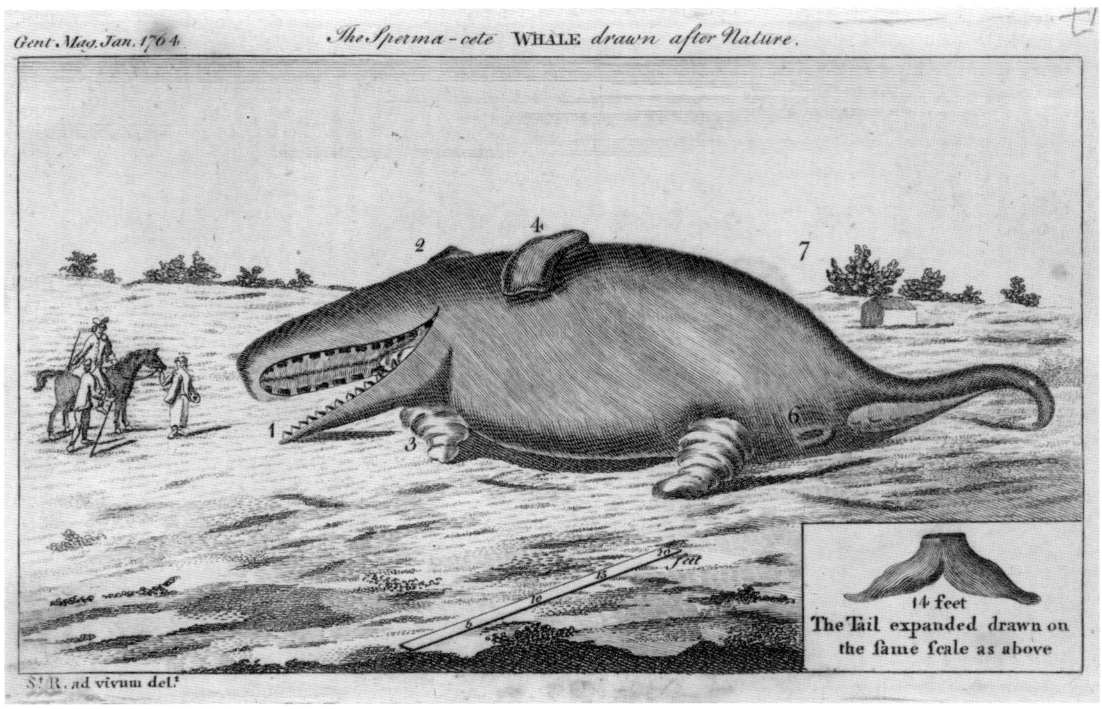

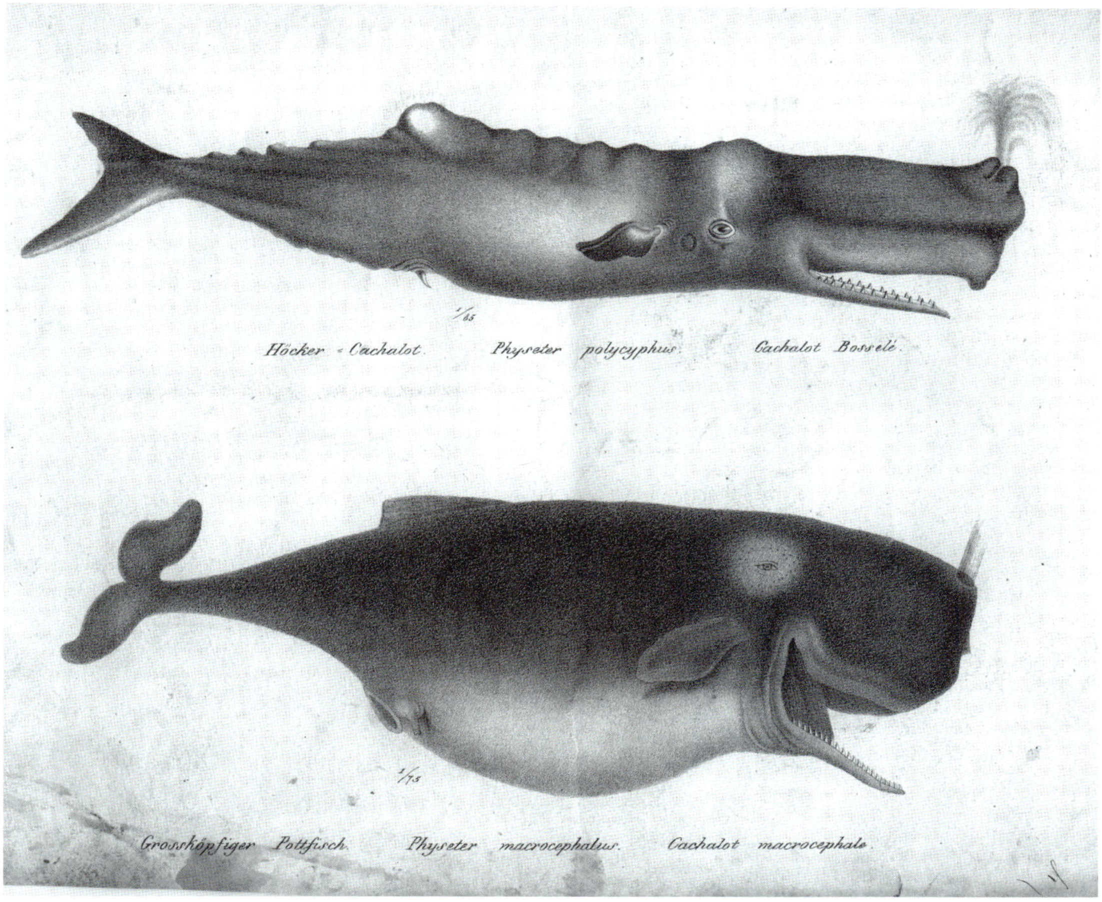

Die bei Strandungen gefundenen Wale hatten je nach Verwesungsgrad völlig unterschiedliche Körperformen, so dass man lange glaubte, es handele sich um unterschiedliche Tierarten wie der hier „nach der Natur“ gezeichnete Höcker-Cachalot und der großkopfige Pottfisch. Kieler Privatsammlung

In der Eckernförder Bucht wurde 1766 ein Buckelwal gefangen und erlegt, den der Fayencemaler Johann Leihamer im Auftrag des Bürgermeisters zeichnete. Tuschzeichnung aus der Sammlung des Heimatmuseums Eckernförde

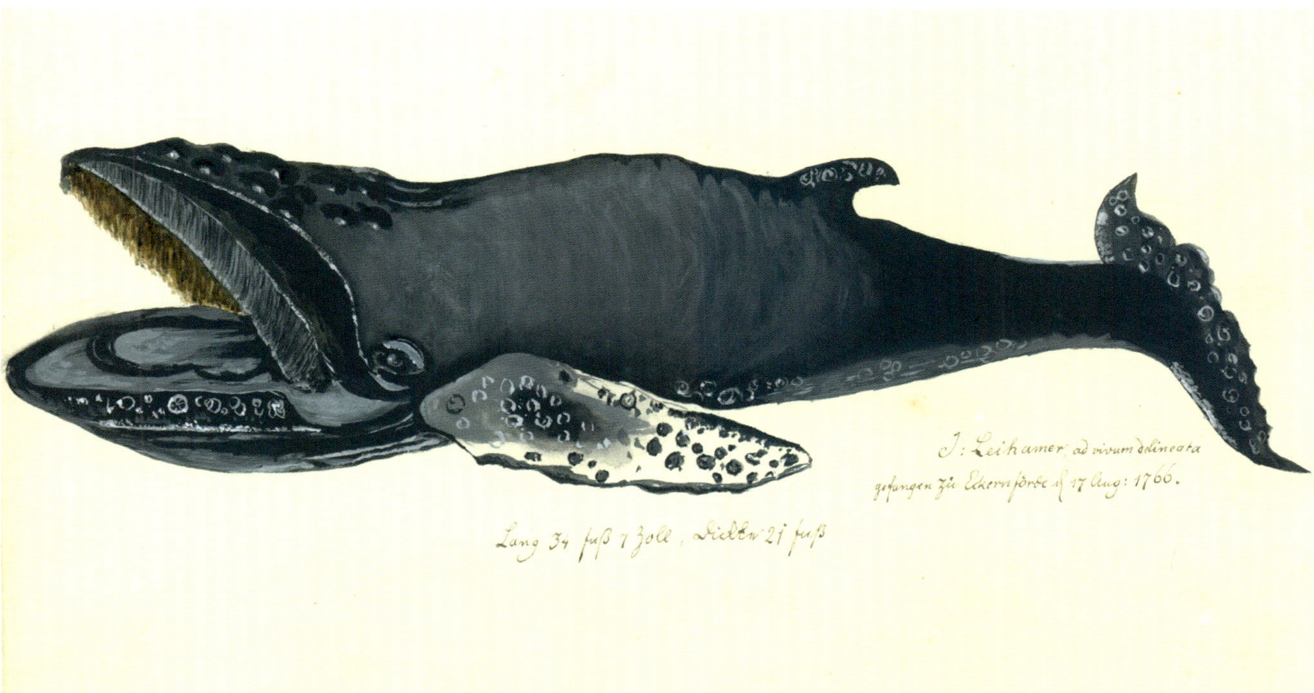

Walfänger verschiedener Nationen in der Davis-Straße. Kolorierter Kupferstich Ende 18. Jahrhundert. Förderkreis Kieler Schifffahrtsmuseum

neuen nördlichen Seewegen von Europa Richtung Ostasien trafen die Seeleute auf große Bestände von Grönlandwalen. Manche historische Seekarte zeigt die Meerestiere als dekorative Elemente rund um die Polarregion.

Bald stellte man fest, wie friedfertig die riesigen Wale waren. Sie ließen sich verhältnismäßig leicht direkt vor den Küsten Spitzbergens harpunieren und töten. Seit dem Anfang des 17. Jahrhunderts betrieben Engländer und Holländer kommerziellen Walfang im Nordmeer, kurz darauf schlossen sich deutsche Schiffe aus Hamburg und Altona an. Die schwierigste Arbeit war nicht der Fang der Tiere, sondern die Verarbeitung der großen Kadaver sowie der entbehrungsreiche Alltag in der unwirtlichen Gegend nördlich des Polarkreises. Dennoch war das Geschäft so lukrativ, dass allein die Holländer jährlich fast 200 Schiffe auf Walfang schickten, viele mit nordfriesischer Besatzung. Zeitgenössische Darstellungen zeigen die große Zahl der Fangschiffe, die sich im Sommer zwischen den nordnorwegischen Inseln einfanden. Sie zeugen vom Reichtum, den dieses Geschäft den Reedern und Walfängern einbrachte, und sind wichtige Dokumente der Wirtschaftsgeschichte. Doch nach kurzer Zeit waren die großen Walbestände so dezimiert, dass man immer weiter ins Eismeer hinaus musste, um die Tiere zu erbeuten. Von nun an finden sich vermehrt auch Darstellungen von den Gefahren in den polaren Gewässern, so etwa vom Eis eingeschlossene und von den hoch aufgetürmten Schollen zerstörte Schiffe.

Auch einige historische Sachzeugnisse dieser Zeit sind in Schleswig-Holstein erhalten: Ein schöner Tisch mit bildlicher Darstellung der Fangflotte bestehend aus holländischen Fluiten zwischen Treibeis und Eisbergen, der offenbar von der Hallig Hooge stammt, befindet sich in der Sammlung des Museumsbergs Flensburg. Solche Stücke präsentierten Wohlstand und Prestige, den der Walfang den Schiffseignern und Kapitänen einbrachte. Auf den nordfriesischen Inseln zeugen schön ausgestattete Häuser der Walfängerkapitäne von den erfolgreichen Fangfahrten. Die in den Niederlanden gefertigten Fliesen zeigen neben dekorativen Blumen- und Landschaftsmotiven auch vereinzelte Waldarstellungen, darunter ganze Fliesentableaus mit Szenen aus dem Eismeer. Sie wurden oft als Rückfracht auf den Schmackschiffen von Holland nach Nordfriesland mitgebracht, wenn die Walfänger in ihre Heimat zurückkehrten. Auch die Walfänger-Grabsteine auf den Inselfriedhöfen oder die großen Walknochen – Kieferknochen oder Rippen –, die zu Torbögen zusammengestellt die Einfahrt der alten Commandeurshöfe schmücken, sind Zeugnisse der Epoche, in der auch die Nordfriesen Anteil am Geschäft mit dem Wal hatten.

Die wohl schönste Waldarstellung aus Schleswig-Holstein stammt von dem Eckernförder Fayencenmaler Johann Leihamer (1721–ca. 1778) aus dem Jahr 1766 und zeigt einen bei Eckernförde gefangenen 34 Fuß langen Buckelwal. Die Eckernförder Fischer hatten das Tier, das sich in ihre Bucht gewagt hatte, mit Harpunen und Gewehrschüssen erlegt und an den Strand gezogen, wo es die Bürger der Stadt gegen eine Gebühr bewundern konnten. Der Bürgermeister beauftragte den Maler, den Wal für die Nachwelt abzuzeichnen; das Blatt mit der Tuschzeichnung befindet sich heute im Heimatmuseum Eckernförde.

Trotz der bekannten Friedfertigkeit der großen Tiere sind etliche Darstellungen des Walfangs außerordentlich dramatisch und zeigen Boote, die von den gereizten Tieren angegriffen und umgeworfen werden. Solche Bilder stehen künstlerisch in der Tradition barocker Jagddarstellungen ebenso wie bewegter Seestücke, die den Schiffbruch zum Thema haben. Sie zeigen Männer im Kampf mit der Naturgewalt: In kleinen Schaluppen treten sie mutig gegen gefährliche Bestien an, die mit einem Schwanzschlag das Boot und seine Besatzung in der eisigen See versenken können. Vielfach stammen die Blätter von englischen oder französischen Verlagen. Diese theatrali-

Dekorative barocke Walfangdarstellung, 1783, Kieler Privatsammlung

schen Bilder legten den Grundstein für den Mythos von der gefährlichen Jagd auf den Wal, der in Hermann Melvilles 1851 erschienenen Roman vom erbitterten Kampf des rachsüchtigen Kapitän Ahab gegen den weißen Pottwal Moby Dick gipfelt. Sie zeugen von einem Verhältnis der Menschen zu Tieren und der Natur, das von Abenteuerlust und Leidenschaft bestimmt ist. Die Jagd wurde mit fortschreitender Technik immer mehr zum Sport, und die große Beute adelte den Jäger. Die tierischen Protagonisten dieser Darstellungen waren in der Regel Pottwale, deren geöffnete Kiefer den Blick auf eine Reihe mächtiger spitzer Zähne freigaben.

Scrimshaw, Schnitzerei auf sogenanntem Walbein mit einer Darstellung eines Pottwals um 1850. Sammlung des Kieler Stadt- und Schifffahrtsmuseums

Die Jagd auf den Pottwal, die vor allem von Nordamerika aus in der Südsee betrieben wurde und die seit der Mitte des 19. Jahrhunderts ein beliebtes Motiv war, galt hauptsächlich der Gewinnung des begehrten Duftstoffes Ambra sowie von Walrat, einem geschmeidigen Öl aus dem Kopf des Tieres. Ein attraktives Nebenprodukt waren die Zähne des Pottwals, die zunächst von den Seeleuten mit maritimen Motiven versehen wurden. Neben der seemännischen Volkskunst entwickelte sich bald ein Gewerbe zur Herstellung von Ziergegenständen und Kleingerät aus Walbein mit filigranen Schnitzereien, den sogenannten Scrimshaws. Sie zeigen vielfach dekorative Darstellungen des Walfangs, wie die Sammlung des Kieler Schifffahrtsmuseums belegt. Nur selten lassen sich Künstler oder Herkunft dieser

Der Walfang und seine Produkte: Für das zivilisierte Europa lieferten die Tiere Lampenöl, biegsames Fischbein für Regenschirme, kostbares Parfüm aus dem Duftstoff Ambra und sogar Düngemittel für die Landwirtschaft. Den Bewohnern der Polarregion diente sogar das Fleisch als Nahrungsmittel. Biedermeierliche Lithografie aus England, Sammlung des Flensburger Schiffahrtsmuseums

Objekte belegen, die meisten Stücke stammen aus Amerika, wurden aber wegen ihrer exotischen Anmutung weltweit gesammelt.

Die kommerzielle Nutzung von Waltieren wurde ebenfalls im 19. Jahrhundert Motiv verschiedener Bildtafeln, die sich der ökonomischen Aufklärung des Menschen widmeten. Eine Lithografie aus England im Flensburger Schiffahrtsmuseum erläutert den Nutzen der Tiere, *„shewing their utility to man, in their services during life und uses after death"*. Solche Darstellungen sind seltene Quellen der Wirtschaftsgeschichte, denn sie zeigen nicht nur die Verarbeitung und die Produkte, sondern belegen, dass der Wal der wichtigste Lieferant von organischen Rohstoffen der vorindustriellen Zeit war. Die lithografischen Blätter zeigen das Fanggerät oder illustrieren die Arbeitsabläufe in der Trankocherei und der Fischbeinreißerei ebenso wie die Verwendung von Walfett oder Barten bis zur Nutzung der Abfallprodukte als Düngemittel. Es war die Zeit, als der Fischbeinbedarf aufgrund der Krinolinenmode besonders hoch war. So konnten die Kundinnen mit Hilfe der Druckgrafiken erfahren, aus welch speziellem Rohstoff ihre Reifröcke gefertigt wurden. Der sachlichen Aufklärung über den Reichtum und die Ressourcen der Meere dienten auch naturkundliche Darstellungen.

Die drucktechnische Neuerung des modernen Holzstiches ermöglichte seit Ende des 19. Jahrhunderts

Dramatische Szene beim Fang eines Pottwals. Zeitschriften-illustration, Holzstich von 1869 nach einer amerikanischen Vorlage. Kieler Privatsammlung

die massenhafte Verbreitung von Walfangdarstellungen in den viel gelesenen illustrierten Wochenzeitungen. Auch hier wurden vor allem reißerische Szenen abgedruckt, die die einfachen Gemüter unter der breiten Leserschaft beeindrucken und speziell die wenig Lesegeübten mit ihrer eindringlichen Darstellungskraft erreichten. Diese Popularisierung der Motive traf mit verschiedenen industriellen Entwicklung zusammen, die das wirtschaftliche Interesse am Rohstofflieferanten Wal veränderte: Zum einen hatte die Entdeckung des Erdöls und des Petroleums die Nachfrage nach Tran als Leucht- und Schmiermittel abrupt sinken lassen, zum anderen war die Fangmethode mit modernen Schiffen sowie durch die Erfindung der Harpunenkanone wesentlich einfacher. Walfett wurde nun, als man auch weitgehend geruchslose Verarbeitungsmethoden entwickelt hatte, zur Produktion von Speisefett, speziell Margarine, oder zur Seifenherstellung gebraucht.

Obwohl mit der Harpunenkanone der Fang und das Töten der Wale weitgehend gefahrlos geworden waren, boten die Marinemaler, die die Vorlagen für die illustrierten Blätter lieferten, weiterhin die beliebten Jagdmotive voller Dramatik, so wie sie sich das Publikum wünschte. In einer umfangreichen Kieler Privatsammlung finden sich etliche dieser Holzstiche, darunter auch eine Darstellung von dem Marinemaler Zeno Diemer. Darauf wälzt sich ein gewaltiger, von einer Harpune getroffener Walkörper aus den Wellen und hebt eine Schaluppe mit fünf Männern wie eine Nussschale mit in die Höhe.

Eine berühmte Jagdszene lieferte Carl Saltzmann 1892, als er Kaiser Wilhelm II. persönlich am Bug des norwegischen Walfängerschiffes „Duncan Grey“ in bewegter See darstellte, während die Harpune auf einen 50 Fuß langen Finnwal geschossen wird. Der Monarch war sehr beeindruckt von der 13-stündigen Fangfahrt vor den Lofoten, an der er während seiner alljährlichen Nordlandreise teilnahm. Dieses Ereignis veranlasste verschiedene deutsche Unternehmungen, erneut im norwegischen Walfang tätig zu werden. Das imposante Gemälde schmückt noch heute den Kaisersaal des Kieler Yachtclubs, es wurde in Kunstzeitschriften ebenso wie in Paul Güßfeldts viel gelesener Chronik „Wilhelms II. Reisen nach Norwegen“ abgedruckt und erschien kurz darauf auch in der Illustrierten Zeitung. Wilhelm II. liebte solche Zurschaustellung, nicht zuletzt diente die

Beim Fang eines Grönlandwals (Balaena mysticetus) wird ein Boot in die Luft geworfen, ein außergewöhnliches Ereignis, denn die Tiere waren eigentlich friedlich. Kupferstich um 1850 aus einer Kieler Privatsammlung

BALAENA MYSTICETUS.

Ein durch eine Harpune verletzter Grönlandwal hebt eine Walfangschaluppe in die Höhe. Zeitschriftenillustration um 1910 nach einem Aquarell von Zeno Diemer, Kieler Privatsammlung

Gefährliche Jagd. Nach einem Aquarell von M. Zeno Diemer. (S. 16)

Kaiser Wilhelm II. auf Waljagd auf dem norwegischen Walfänger „Duncan Grey" vor den Lofoten. Gemälde von Carl Saltzmann, Kunstsammlung des Kieler Yachtclubs

Darstellung von der kaiserlichen Waljagd auch der eigenen Propaganda.

Fast zur gleichen Zeit begann man Walskelette in Museen und Ausstellungen zu präsentieren, so auch das 13 Meter lange Skelett eines im Jahr 1881 vor Sylt gestrandeten jungen Blauwals, das noch heute im Zoologischen Museum der Kieler Universität ausgestellt ist. Auch ganze Walkadaver wurden zur Schau gestellt; diese aufwendigen Attraktionen blieben jedoch eine Seltenheit, so dass in der internationalen Presse darüber berichtet wurde – etwa ein in Berlin ausgestellter „Walfisch aus dem Kattegatt" oder die „Schwimmende Wal-Ausstellung auf dem Rheine" auf einen Flusskahn. In London konnte man einen Wal sogar im Westminster-Aquarium bewundern.

Auch die heimat- und volkskundlichen Museen begannen um die Wende zum 20. Jahrhundert Zeugnisse der Walfanggeschichte zu sammeln. Die landeskundlichen Sammlungen in Altona und Flensburg, sowie die Heimatvereine und -museen der ehemaligen Walfängerorte Glückstadt und Elmshorn oder auf den nordfriesischen Inseln trugen Objekte der maritimen Volkskunst zusammen, die an die große Zeit des Walfangs erinnern sollten: Schnitzereinen oder andere kleine Arbeiten aus Walbarten, die offenbar von Seeleuten an Bord gefertigt worden waren, ergänzt von Kapitänsbildern mit Darstellungen der erfolgreichen Schiffe. In allen Sammlungen sind auch Scrimshaws, vor allem solche mit Waldarstellungen hoch geschätzt, obwohl sich selten ein Zusammenhang zu den schleswig-holsteinischen Walfangtraditionen nachweisen lässt.

Die Glückstädter Volksschullehrerin Wanda Ösau, die selbst aus einer Walfängerfamilie stammte, sammelte etliche Objekte und dokumentarisches Material zum Thema und publizierte 1937 das Werk „Schleswig-Holsteins Grönlandfahrt auf Walfischfang und Robbenschlag".

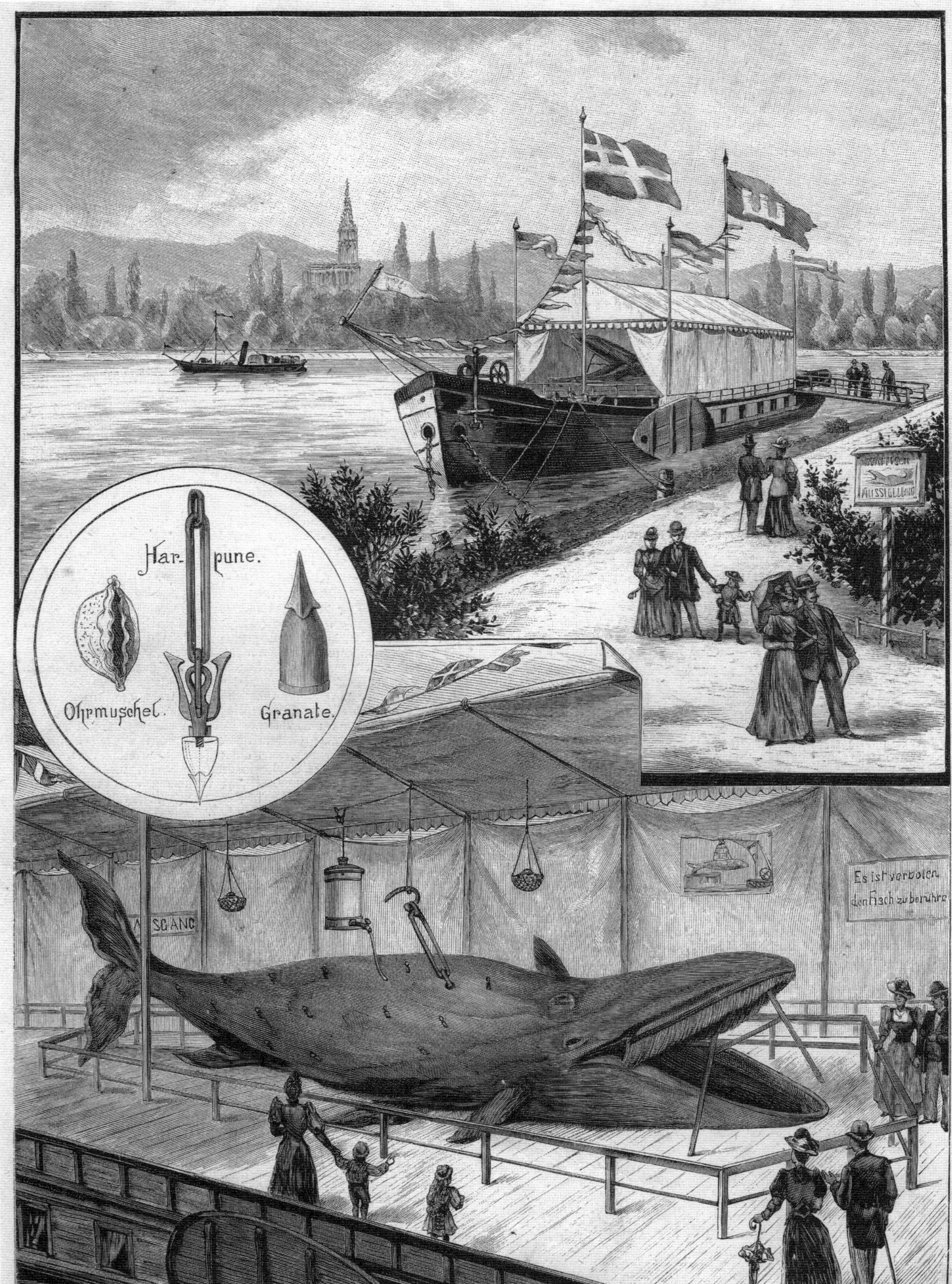

Die schwimmende Walfisch-Ausstellung auf dem Rheine. Nach einer Originalskizze von W. Lingenfelder. (S. 330)

Zeitschriftenillustration von der „schwimmenden Walfischausstellung am Rhein“ mit einem konservierten Wal auf einem Flusskahn 1893. Kieler Privatsammlung

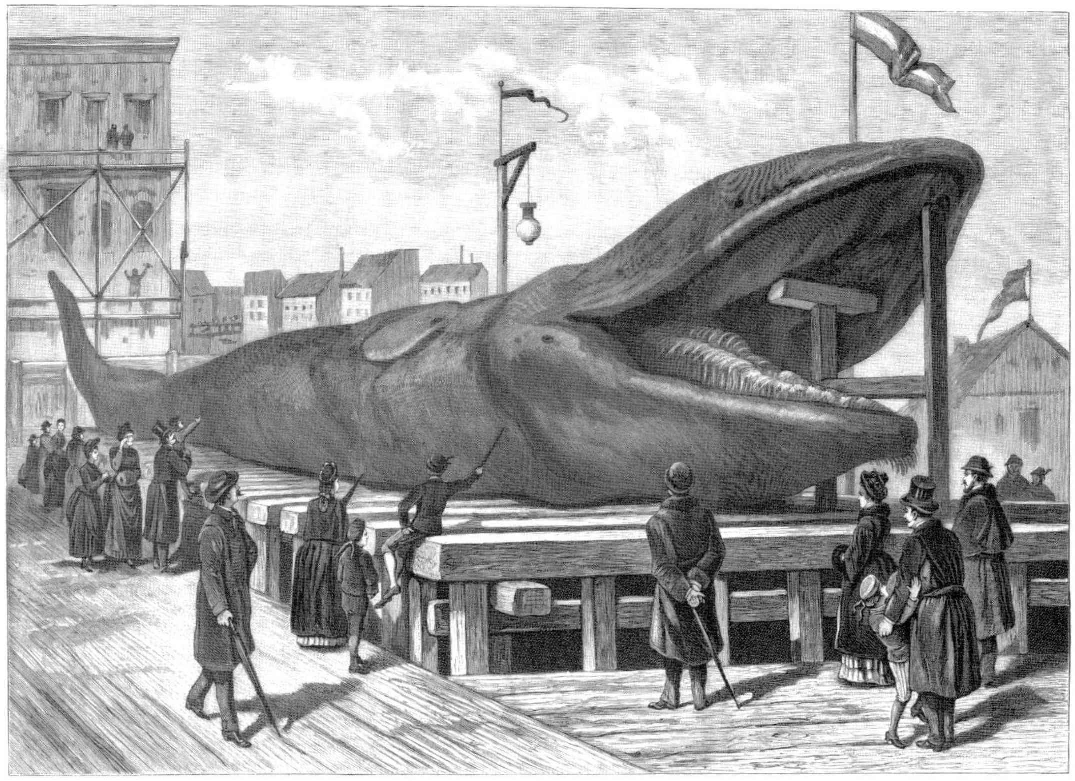

Der in Berlin ausgestellte große Walfisch aus dem Kattegat. Nach einer Originalskizze von E. Hosang. (S. 497)

Ein konservierter Bartenwal wird in Berlin zur Schau gestellt. Holzstich in „Das Buch für alle“ um 1900. Aus einer Kieler Privatsammlung

Der Walfisch im Bassin des Londoner Westminster-Aquariums. (S. 44.)

Ein Walfisch im Londoner Westminster-Aquarium war eine Weltsensation. Holzstich aus einer illustrierten Zeitschrift um 1900. Kieler Privatsammlung

Walfangszene beim Abspecken eines Wales vom Mutterschiff aus. Geschnitztes Diorama um 1900 aus der Sammlung des Kieler Stadt- und Schifffahrtsmuseums

Zur gleichen Zeit wurde in Deutschland der Walfang intensiviert, und zwar im Rahmen der nationalsozialistischen Kampagne zur „Nahrungsautarkie", die eine möglichst Import unabhängige Lebensmittelversorgung vor allem in Vorbereitung des Krieges gewährleisten sollte. Diese Bestrebungen gingen mit einem enormen Propagandaaufwand einher, und so verwundert es nicht, dass die Volksgenossen in illustrierten Broschüren mit hoher Auflage über die Verwertung von Walen belehrt wurden. Auch Schulwandbilder, von denen das Volkskunde Museum am Schleswiger Hesterberg ein schönes Exemplar besitzt, zeigen, welch reichhaltige Wertstoffe nur ein einziges Tier lieferte. Die Verarbeitung erfolgte rein industriell zunächst in schwimmenden Trankochereien auf dem Walfang-Mutterschiff und dann in der Heimat in Seifensiedereien, Margarinefabriken oder technischen Fettfabriken. Der Wal galt nur noch als reiner Rohstofflieferant, seine Verarbeitung war steril, sein Körper ließ sich nach Fett-, Eiweiß- oder Wassergehalt analysieren.

Dass die riesigen Tierkörper lebend wie tot vom Menschen technisch beherrschbar waren, bewiesen auch die nun immer öfter von Schaustellern auf großen Wagen präsentierten Wale, die in den 1950er Jahren die staunende Bevölkerung faszinierten. Im November 1954 konnten die Kieler vor der Ostseehalle auf einem Sattelschlepper den mit 7000 Liter Formaldehyd konservierten Finnwal „Jonas" bewundern. Wie lange sich das Tier „frisch" hielt, ist nicht belegt, doch in der Regel reisten solche Kadaver nur in der kalten Jahreszeit durch die Lande.

In den 1950er und 60er Jahren war in Schleswig-Holstein erneut ein verstärktes Interesse am historischen Walfang zu beobachten. Die Rezeptionsgeschichte des Walfangs steht in enger Verbindung zur Identität stiftenden Heimatpflege nach Ende des II. Weltkriegs, als man sich überall in Deutschland auf der Suche nach einer unpolitisch-heilen Welt auf regionale Traditionen vorindustrieller Zeit beziehen wollte. So entstanden etwa Schiffsmodelle und Dioramen zur Darstellung des Walfangs im Eismeer, der als ehrliche, harte Arbeit galt; in Elmshorn etwa zeichnete Kurt Roth verschieden Motive zu Arbeit und Brauchtum rund um den Walfang. Bis heute ist das berühmte Elmshorner Walfangschiff „Flora"

Namen gebend für eine örtliche Apotheke, eine Straße und ein Seniorenwohnheim. Der Heimatverein „Tru un Fast e.V." legte bereits seit den 1920er Jahren eine Sammlung von Sachzeugnissen zur Elmshorner Walfanggeschichte an.

Emotional nah kam die breite Öffentlichkeit den faszinierenden Walen in der zweiten Hälfte des 20. Jahrhunderts vor allem durch Film und Fernsehen: Hatten frühe Verfilmungen von Moby Dick noch mit schlechten Attrappen gearbeitet, so gelangen dem Franzosen Jacques-Yves Cousteau (1910–1997) in den 1950er Jahren erstmals echte Unterwasserfilmaufnahmen. Zwar wurden Filme von Walen erst in den 1970er Jahren gemacht, doch die große Sympathiewelle für die Meeressäugetiere setzte schon vorher ein und ist vor allem „Flipper, dem klugen Delphin" zu verdanken. Der Kinoverfilmung über den „Freund aller Kinder" im Jahr 1963 folgte die Erstausstrahlung der Fernsehserie 1964 bis 1967 zunächst in den USA und dann in Europa.

Von nun an begegnete man den Meeressäugern mit Empathie. Den Walgesängen, die auf Tonträgern aufgezeichnet wurden, sagte man tiefe Emotionalität nach, und speziell die New-Age-Bewegung der 1980er Jahre fand in Walen und Delphinen Seelenverwandte des Menschen, die Kraft und Ruhe spenden können. Eine weitere „Disneyfizierung" der Meerestiere folgte mit dem Film „Free Willy" 1993. Der Umweltschutzbewegung gelten die immer seltener werdenden Wale als Synonym für den Raubbau an den natürlichen Ressourcen des Meeres und für die Verletzlichkeit des Ökosystems. Der Walfang ist seitdem geächtet; Wal fangende Nationen werden angeprangert und lediglich den Ureinwohnern arktischer Küstenregionen gesteht man ihre Fangtraditionen in reglementierten Mengen zu. An die Stelle von Walfang ist heute vielfach das Walewatching getreten, regional ein ebenfalls lukratives Geschäft mit den Riesen des Meeres. Das einstmals furchteinflößende Ungeheuer ist inzwischen selbst ein schützenswertes Geschöpf geworden, seinerseits gefährdet durch den Menschen, der die Natur ausbeutet.

Bei der Heimkehr feierten Grönlandfahrer in Elmshorn ein Fest, die Trankööst, bei dem ein Modell des Walfängers „Flora" durch die Straßen getragen wurde. Zeichnung von Kurt Roth 1951 aus der Sammlung des Kieler Stadt- und Schifffahrtsmuseums

Verwendete Literatur

Asbach, Wolfgang: Bemerkungen zu den Walfängern, in: Nordfriesisches Schifffahrtsmuseum Husum, Husum 1991, S. 80–92

Bai, Emil G.: Fall! Fall! Fall! öwerall. Berichte über den schleswig-holsteinischen Walfang am Beispiel der Stadt Elmshorn 1817–1872, Garstedt 1968

Barthelmeß, Klaus; Münzing, Joachim: Monstrum Horrendum. Wale und Waldarstellungen in der Druckgraphik des 16. Jahrhunderts und ihr motivkundlicher Einfluß. Aufsatzteil, Katalogteil, Referenzteil, Bremerhaven 1991

Brinner, Ludwig: Die deutsche Grönlandfahrt, Berlin 1913

Danker, Peter: Die Grönlandfahrt aus den holsteinischen Elbmarschen im 19. Jahrhundert am Beispiel des Fleckens Elmshorn, Hamburg 1982

Der Walfangausschuss der Industrie- und Handelskammern (Hrsg.): Deutscher Walfang. Stellungnahme des Walfang-Ausschusses der Industrie- und Handelskammern deutscher Seestädte, 1947

Feddersen, Berend Harke: Das Jahr der Wal- und Robbenjäger, in: Nordfriesisches Schifffahrtsmuseum Husum, Husum 1991, S. 10–79

Hamburgische Ausstellungs-Gesellschaft m.b.H. (Hrsg.): Führer durch die 1. deutsche Fischerei- und Walfang-Ausstellung „Segen des Meeres, Hamburg 1939

Henkel & Cie. G.m.b.H. (Hrsg.): Mit Jan Wellem auf Walfang im südlichen Eismeer, Düsseldorf 1939

Hudtwalcker, Carl Heinrich: Der Walfang als volkswirtschaftliches Problem, Forchheim 1935

Hudtwalcker, C. H.: Walfang. Bremerhaven 1937

Hugo, Otto: Deutscher Walfang in der Antarktis, Oldenburg 1939

Jürgens, Hans Peter: Abenteuer Walfang. Wale, Männer und das Meer, Herford 1977

Landt-Lemmél, Hanns: „Wal frei". Auf Walfang im Südlichen Eismeer, Wiesbaden 1950

Lehmann, Sebastian: Föhrer Walfang. Zur Wirtschafts- und Sozialgeschichte einer nordfriesischen Insel in der frühen Neuzeit, Kiel 1999

Lundbeck, J. und Meseck, G. (Hrsg.): Handbuch der Seefischerei Nordeuropas, Stuttgart 1955

Lynge, Erik: Der Walfang. Ein Beitrag zur Weltwirtschaft der Fettstoffe, Leipzig 1936

Lynge, Erich: Die Entwicklung des Walfangs, Leipzig 1936

Münzing, Joachim: Der historische Walfang in Bildern, Herford 1987

Münzing, Joachim: Die Jagd auf den Wal. Schleswig-Holsteins und Hamburgs Grönlandfahrt, Heide 1978

Münzing, Joachim: Wale und Walfang in historischen Darstellungen, Hamburg 1975

Oesau, Wanda: Schleswig-Holsteins Grönlandfahrt auf Walfischfang und Robbenschlag vom 17.–19. Jahrhundert, Glückstadt 1937

Peters, Nicolaus: Der neue deutsche Walfang. Ein praktisches Handbuch seiner geschichtlichen, rechtlichen, naturwissenschaftlichen und technischen Grundlagen, Hamburg 1938

Scheutzow, Jürgen W.: Johann Dietz. Chirurgus unter Walfängern. Ein Feldscher und Barbier erzählt aus seinem Leben, Lübeck (1979)

Schnakenbeck, W.: Der Walfang, Stuttgart 1928

Sobik, Carsten: Seeungeheuer. Zur Vermittlung eines maritimen Volksglaubens, in: Gesellschaft für Volkskunde in Schleswig-Holstein e.V.: Berichte der Gesellschaft für Volkskunde in Schleswig-Holstein e.V., Kiel 2004, S. 40–58

Zorgdrager, Cornelius Gisbert: Beschreibung des Grönländischen Wallfischfangs und Fischerey, nebst einer gründlichen Nachricht von dem Bakkeljau- und Stockfischfang, Nürnberg 1750